MANUAL DE CÁLCULO DE LA

LENTE INTRAOCULAR

2

© 2009, by Juan Carlos Mesa Gutierrez. All rights reserved.

© 2009, Plataforma Editorial. All rights reserved.

ISBN 978-1-4092-4570-4

Depósito legal: B-27085-2009

Soporte legal válido.

Impresión: Printer Industria Gráfica, S.A.

N. II, Cuatro Caminos s/n, 08620 Sant Vicenç dels Horts.

Barcelona, 2009. Impreso en España.

MANUAL DE CÁLCULO DE LA

LENTE INTRAOCULAR

Juan Carlos Mesa Gutiérrez
Olga Garcia Garcia
Tomás Martí Huguet
Jorge Arruga Ginebreda

Hospital Universitari Bellvitge,
L'Hospitalet de Llobregat, Barcelona.

ÍNDICE

Pág.

Introducción... 7

Cáculos biométricos... 11

Queratometría... 31

Fórmulas biométricas... 35

El implante de la LIO.. 53

    Cálculo biométrico en ojos hipermétropes....................... 55

    Cálculo biométrico en ojos miopes.................................. 58

    Cálculo biométrico tras cirugía refractiva........................ 60

    Implante en sulcus... 86

    LIO para un trasplante de córnea................................... 89

    Implante piggy-back.. 89

    Recambio de LIO.. 94

    Cálculo biométrico en niños.. 95

Conclusión.. 97

Bibliografía... 101

INTRODUCCIÓN

INTRODUCCIÓN

La indicación de la cirugía del cristalino ha experimentado un cambio significativo en los últimos 15 años. El paciente exige abiertamente la recuperación visual sin corrección óptica y se muestra insatisfecho cuando no se consigue este resultado, aun habiendo sido correctamente operado. Es necesario entender esta nueva realidad y adaptarse a ella extremando el esfuerzo por mejorar el proceso de cálculo de la potencia de la lente intraocular (LIO) si queremos mantener un nivel de excelencia en esta cirugía.

Desde Hoffer se conocen los requisitos fundamentales para poder efectuar una buena biometría y un buen cálculo del poder dióptrico de las lentes intraoculares. De ellos destacan fundamentalmente: la exactitud del biómetro y una buena técnica de medición; la exactitud de las fórmulas y una buena predicción preoperatoria de la profundidad de cámara anterior del pseudofaco.

Con las medidas realizadas estaremos en disposición de elegir la LIO más adecuada para cada caso particular. Esta elección se complica en ojos con longitudes axiales extremas, en pacientes con cirugía ocular previa (trasplante de córnea, cirugía refractiva, silicona intraocular), cuando decidimos realizar implantes en piggyback o colocamos la lente en sulcus, cuando tenemos que recambiar la LIO por error refractivo y en los niños. Analizaremos las particularidades de cada uno de estos casos.

CÁLCULOS BIOMÉTRICOS

CÁLCULOS BIOMÉTRICOS

La biometría es una técnica no invasiva, rápida y no dolorosa que nos permite realizar medidas de las estructuras oculares. En la práctica nos referimos como biometría a las técnicas que nos determinan la longitud axial (AXL), la profundidad preoperatoria de la cámara anterior (aACD) y el grosor del cristalino (LT).

La AXL es la distancia desde el vértice de la córnea hasta la fóvea a lo largo del eje visual. Es el factor más importante para determinar el poder dióptrico de la LIO. Un error en su medición de 1 mm determina un error refractivo postoperatorio de unas 2,5 dioptrías (1,2).

Existen dos formas de realizar la biometría: de forma acústica (por ultrasonidos) o de forma óptica (interferometría). La primera es la más utilizada. Sin embargo, todas las formas de biometría basada en ultrasonidos tienen dos limitaciones básicas. En primer lugar, utilizan una frecuencia alta (10 MHz) para medir una distancia relativamente pequeña. En segundo lugar, el área que rodea el centro de la mácula no es plana, sino que tiene su menor espesor en la fóvea. Estos dos inconvenientes no existen en la interferometría de coherencia parcial.

1. Métodos acústicos.

La medición se realiza con una sonda que emite ultrasonidos (US) entre 8-10 MHz. Los US viajan a través de los gases (aire) con la menor eficacia, a través de los líquidos con una eficacia moderada y a través de los sólidos con su mayor eficacia. Por tanto, un pulso de US viaja relativamente rápido a través del cristalino (1640 m/seg) y lentamente a través del humor acuoso y vítreo (1532 m/seg). Debido a que los US de alta frecuencia no pasan por el aire de manera eficiente, muy poco US penetraría en el ojo sin una adecuada interfaz líquida. Por eso la córnea debe mantenerse húmeda para realizar esta prueba y por ello la sonda debe estar en contacto con la córnea para eliminar la interfaz aérea.

Es conveniente tener en cuenta que la formación de ecos puede verse afectada por la ganancia, que es la amplificación que se da a los ecos, variable por el examinador. A mayor ganancia, más sensibilidad, pero aparecen más ecos, disminuyendo la resolución. En una hemorragia vítrea una ganancia alta puede dar lugar a un ALX más corta, porque el aparato confunda una masa vítrea algo densa con el pico de la retina. En un ojo normal, una ganancia baja puede destacar poco la retina y el biómetro confundirla con la esclera y dar un ALX más alta (3). En cataratas muy densas hay que aumentar la ganancia porque absorben gran cantidad de US y los ecos de las estructuras posteriores van a quedar muy atenuados (3,4).

Hay dos tipos de técnicas ecográficas para medir la ALX: la técnica de inmersión, que es más precisa [5,6] pero más lenta y complicada y la de aplanación, la más empleada por ser más fácil y rápida. Precisa el contacto entre la sonda y la superficie corneal, por lo que se debe realizar con anestesia tópica. Hay que tener cuidado en no presionar la córnea en exceso, pues se provoca un aplanamiento del globo ocular midiendo una ALX menor de la real.

1.A Técnicas ecográficas:

1.A.1) Eco-A por aplanación

Es necesario colocar la sonda sobre la córnea: incluso el explorador más experimentado ejercerá cierto grado de compresión, normalmente entre 0,14 y 0,28 mm. Es típico que las medidas tomadas por aplanación muestren variabilidad entre ellas, debido a la compresión ejercida. Sin embargo, la rapidez con que se realiza la exploración ha hecho que sea el método más difundido (1, 3)

Si el examinador ejerce una presión excesiva, las medidas no serán exactas. Las medidas más válidas serían aquellas con mayor ACD, excepto en ojos con estafiloma. Si el eco-A se adquiere con una ganancia muy alta, el pico correspondiente a la retina aparece con una cúspide aplanada. En tal caso, es mejor reducir la ganancia 10-20% y repetir la exploración. Cuando la ganancia es óptima, los picos del cristalino deben ser 70-95% a la altura del de la córnea y el pico retiniano debe ser 60-80% de tal altura.

Se pueden cometer varios errores en la interpretación de la eco-A: Si la sonda no está bien alineada, los ecos son débiles y el pico correspondiente a la retina será muy bajo. El alineamiento de la sonda con el nervio óptico en vez de con la fóvea se detecta por una ausencia completa de ecos esclerales. La presencia de hialosis asteroide y una indentación corneal excesiva origina AXL más cortas. El exceso de fluido entre la sonda y la córnea, un estafiloma posterior, una córnea gruesa y una velocidad inadecuada origina AXL más largas. En pacientes con cataratas nucleares densas, los ecos procedentes del córtex del cristalino pueden ser confundidos con la superficie anterior o posterior del cristalino.

1.A.2) Eco-A por inmersión

La biometría eco-A por inmersión ofrece una mayor reproductibilidad, lo que conlleva un aumento en la precisión. Se puede realizar rápidamente y con mayor confianza que mediante la aplanación (7, 8).

La técnica de inmersión requiere el empleo de vidrios de contacto que se apoyan en la esclera y se llenan de suero fisiológico, en el que se sumerge la sonda sin contactar con la superficie ocular. La sonda no está en contacto con la córnea. Como no existe compresión corneal, las medidas que proporciona son más exactas (9).

Una biometría por inmersión dará una AXL un poco mayor que la tomada por aplanación, porque no hay compresión corneal. La diferencia entre la aplanación y la inmersión varía de 0,14 a 0,28 mm (10). El cambio a esta técnica es un importante paso para mejorar la exactitud de las medidas.

Utilizando un transductor de 10 Mhz con el método de inmersión, la exactitud de las medidas de AXL es de ±0,12 mm, lo que supone un error refractivo postoperatorio de 0,28 D en un ojo con longitud axial normal. Este error sería mayor en un ojo pequeño y menor en un ojo largo. No obstante, el error refractivo total depende de todos los componentes del proceso de mediciones y suele ser cercano a 0,36 D, teniendo en cuenta la biometría, una fórmula de cálculo de 2 variables y la forma de la capsulo-rexis (11).

Al realizar una eco-A por inmersión es más adecuado tener como refracción objetivo -0,75 D y utilizar las constantes ACD, constante A y Surgeon Factor (SF) recomendados por el fabricante más que las constantes personalizadas (2, 5).

Cambio de la velocidad de US a 1532 m/seg.

Algunos ecógrafos utilizan una única velocidad de US a 1555, 1553, 1550 o 1548 m/seg para los ojos fáquicos. Este hecho puede inducir a error ya que la velocidad más apropiada de US no es la misma para cada AXL. Por ejemplo, un miope axial de 29D se mide mejor a 1550 m/seg, mientras que un ojo hipermétrope de 20D se mide mejor a 1560 m/seg. Esta es una de las razones por las cuales las medidas para los ojos extremos tienden a ser menos exactas a pesar de la técnica que se utilice.

Como describe Holladay, la eco-A por inmersión también se puede realizar en el ojo fáquico ajustando los valores al modo afáquico y la velocidad de US a 1532 m/seg. A continuación añadimos +0,32 mm para corregir el grosor de la córnea y las diferentes velocidades a través de la córnea y el cristalino: si se realiza un eco-A a una velocidad de 1532 m/seg evitaremos la compresión corneal y los errores sutiles que se originan por la diferencia en AXL. Esta técnica no es adecuada para el método de aplanación (3).

1.A.3) Eco-B con vector A por inmersión

LA Eco-B con vector A por inmersión no origina compresión corneal y el eco-B bidimensional ayuda a dirigir el vector A directamente hacia la fóvea (5). El fin es alinear los ecos de la córnea y el cristalino en la ecografía mientras vemos la sombra del nervio óptico ligeramente por encima del centro. A continuación ajustamos el vector A para que pase por el centro de la córnea y por los ecos anterior y posterior del cristalino. Esta alineación asegura que el vector pase directamente por la fóvea. Esta técnica es particularmente útil cuando la mácula se encuentra en las cercanías de un estafiloma (4).

Con este alineamiento, el vector A atravesará la retina por la mácula, bajo la sombra del nervio óptico. Esta técnica tiene la ventaja de poder medir la AXL en la región de la fóvea, lo que nos da la longitud axial refractiva más que la anatómica. Para un ojo con una catarata madura y una miopía axial alta con un estafiloma peripapilar ésta sería la técnica preferida de biometría (4).

Estas técnicas todavía tienen la limitación de la resolución originada por la gran longitud de onda (10 MHz) y por las variaciones del espesor retiniano alrededor de la fóvea, pero al permitir una visualización directa del área medida goza de una mayor consistencia que la eco-A por inmersión.

1. B) Situaciones especiales:

1.B.1)Ojos afáquicos:

Es una medida habitualmente fácil: se utiliza una velocidad de US de 1532 m/seg en modo afáquico.

1.B.2)Pseudofaquia:

En el ojo pseudofáquico se obtienen 3 picos en el ecograma: córnea, LIO y retina.

1.B.2.1) Ecuación ALX.

Se realiza una eco-A por inmersión en modo pseudofáquico a 1532 m/seg (la velocidad del modo afáquico) y añadimos un factor de corrección según la velocidad el US a través del implante. Esta eco-a de la pseudofaquia tiene la ventaja de realizar las medidas independientemente de los errores de la velocidad originados por diferencias en la AXL. Es importante recordar bajar la ganancia para evitar la reduplicación de ecos (2).

Holladay propone la siguiente ecuación para medir los ojos pseudofáquicos (2):

$$ALX = AAL_{1532} + (FC \times T)$$

Donde ALX es la AXL verdadera, AAL_{1532} es la AXL medida a 1532 m/seg, FC es el factor de conversion específico del material y T es el grosor central del implante. Los valores de FC, velocidad de US y T para los distintos materiales pueden consultarse en la siguiente tabla:

Implante	Velocidad US (Vel)	Grosor central (T)	FC
PMMA	2660-2770 m/seg	0,6-0,8 mm	0,45 para vel=2780 m/seg
Silicona	980-1085 m/seg	1,2-1,5 mm	-0,41/-0,56 para vel=1085/980 m/seg
Acrílico	2120-2200 m/seg	0,7-0,9 mm	0,30 para vel=2180 m/seg

Se obtiene de esta manera una medida muy aproximada de la AXL verdadera. Los factores correctores para las LIOs acrílicas y de PMMA serán positivos y para las LIOs de silicona negativos. La medida más exacta se obtiene multiplicando el factor corrector adecuado (+0,30 para las acrílicas, -0,56 para las de silicona y +0,45 para las de PMMA) por el grosor central de la LIO, que puede obtenerse directamente del fabricante. Veamos cómo se calculan los FC:

1. *LIOs acrílicas:*

La velocidad de US a través una LIO acrílica a la temperatura del ojo (35ºC) es de 2180 m/seg. Como esta velocidad es mayor a 1532 m/seg, la AXL será más correcta de la real. Sin embargo, si conocemos la velocidad de los US a través de un material acrílico y el grosor central de la LIO, es posible estimar su contribución a la medida de la AXL promedio.

Primero, debemos calcular un factor de conversión cuando la medida se realiza a 1532 m/seg. Para una lente acrílica es:

1- (1532 / 2180) = 0,2972 (ó 0,30).

Por tanto, ajustando la velocidad de US a 1532 m/seg, la AXL verdadera de un ojo con una LIO acrílica se calcula añadiendo la AXL aparente a 1532 m/seg al factor de conversión multiplicado por el grosor de la LIO.

TAL Acrílica = AAL $_{1532}$ + (0,30 x T)

Por ejemplo, si un ojo pseudofáquico con una LIO acrílica de + 22D y 6 mm de diámetro a una velocidad de 1532 m/seg, tiene una AXL de 24 mm, la AXL verdadera será:

TAL = 24 + (0,30 x 0,86) = 24,26 mm.

2. LIOs de silicona.

La velocidad de US en la primera generación de LIOs de silicona a la temperatura del ojo es de 980 m/seg. Las LIOs de silicona más recientes tiene una velocidad de US de 1085 m/seg. Debido a que ambos valores son menores a 1532 m/seg, la AXL medida será mayor que la real. Una vez más, conociendo la velocidad de US a través de la silicona y el grosor central de la LIO, es posible estimar su contribución a la AXL.

Primero calculamos el factor corrector (FC) cuando la velocidad es de 1532 m/seg:

Para las lentes de silicona de primera generación sería:

1- (1532 /980) = -0,5633 (ó -0,56).

Para las más recientes:

1- (1532 / 1085) = -0,4120 (ó -0,41).

teniendo en cuenta que estos números son negativos.

Por tanto:

TAL Silicona = AAL $_{1532}$+(-0.56 x T) ó TAL Silicona=AAL $_{1532}$+(-0.41 x T)

3. Lentes de PMMA.

La velocidad de US a través del PMMA a la temperatura del ojo (35°C) es de 2780 m/seg. Como esta velocidad es mayor que 1532 m/seg, la AXL medida será más baja que la real. Nuevamente, realizamos los mismos cálculos.

1- (1532 / 2780) = 0,4489, ó 0,45.

TAL PMMA = AAL $_{1532}$ + (0,45 x T)

1.B.2.2) Tablas (3, 10)

Si no podemos obtener la información del grosor central directamente del fabricante, podemos utilizar los factores correctores de la pseudofaquia que pueden añadirse a la AXL medida a 1532 m/seg.

POTENCIA	Acrílica 5.5 mm 3 Piezas	Acrílica 6.0 mm 3 Piezas	Silicona Óptica Hápticos	Silicona 6.0 mm 3 Piezas	PMMA 5.5 mm 1 Pieza	PMMA 6.0 mm 1 Pieza	PMMA 6.5 mm 1 Pieza
+10.0 D	+0.14	+0.18	-0.43	-0.50	+0.18	+0.23	+0.23
+12.0 D	+0.14	+0.18	-0.45	-0.52	+0.20	+0.25	+0.26
+14.0 D	+0.14	+0.18	-0.48	-0.54	+0.21	+0.28	+0.30
+16.0 D	+0.18	+0.22	-0.51	-0.55	+0.23	+0.30	+0.33
+18.0 D	+0.18	+0.23	-0.54	-0.56	+0.24	+0.33	+0.37
+20.0 D	+0.20	+0.25	-0.57	-0.59	+0.27	+0.36	+0.40
+22.0 D	+0.20	+0.26	-0.60	-0.60	+0.30	+0.39	+0.43
+24.0 D	+0.22	+0.27	-0.63	-0.62	+0.33	+0.41	+0.47
+26.0 D	+0.23	+0.29	-0.66	-0.64	+0.36	+0.44	+0.51
+28.0 D	+0.24	+0.30	-0.69	-0.65	+0.39	+0.46	+0.55
+30.0 D	+0.25	+0.31	-0.71	-0.67	+0.41	+0.50	+0.59

1.B.3) Silicona intraocular:

Existen 2 tipos de aceite de silicona según su peso molecular:

- Silicona 1.000 centistokes (cts): Atenúa la velocidad de US a la mitad (980 m/seg) y enlentece la velocidad de retorno de manera que los ecos son difíciles o imposibles de obtener.

- Silicona 5.000 cts: Tiene una densidad mayor y atenúa la velocidad de US a 1040 m/seg. Es muy típico obtener AXL muy altas (por ejemplo, 35 mm).

Supone un desafío medir la AXL en estos ojos, ya que la silicona atenúa la velocidad de US a 980 ó 1040 m/sec. Así que si utilizamos el modo fáquico obtendremos un error refractivo final de +6 a +7 D.

Para evitar este problema utilizamos el siguiente método: La ACD y el grosor del cristalino se miden y se restan de la AXL. Esto daría la profundidad de la cavidad vítrea (VCD) medida a 1532 m/seg.

$$VCD_{1532} = ALX - (ACD + \text{grosor del cristalino})$$

$$VCDreal = (980/1532) \ VCD \text{ medida a } 1532 \text{ m/seg}$$

$$ALX \ real = VCDreal + ACD + \text{grosor del cristalino}$$

El índice refractivo del aceite de silicona (1,4034) es diferente al del humor vítreo (1,336). Algunos autores aconsejan añadir 2-2,5 D a la potencia dióptrica calculada en lentes de PMMA plano-convexas y 5-6 D para lentes biconvexas.

Holladay recomienda no colocar lentes biconvexas en estos pacientes, sino lentes de PMMA plano-convexas, con la superficie plana orientada a la cavidad vítrea y preferiblemente sobre una cápsula posterior intacta. De esta manera, la silicona no alterará la potencia refractiva de la superficie posterior de la LIO. Por el contrario, una LIO biconvexa de +20 D perdería entre un tercio y la mitad de su potencia refractiva si llega a contactar con el aceite de silicona. Las lentes de PMMA son la primera elección y las lentes de silicona deben evitarse (2).

La potencia que debemos añadir a la calculada para una LIO plano-convexa se determina mediante esta ecuación:

Potencia adicional (dioptrías) = ((Ns - Nv) / (ALX - ACD)) x 1000.

Ns = Índice refractivo del aceite de silicona (1,4034).

Nv = Índice refractivo del vítreo (1,336).

ALX = Longitud axial en mm.

ACD = Amplitud de la CA del pseudofaco en mm.

Para un ojo de dimensiones normales, con aceite de silicona en su interior, la potencia adicional que se necesita para una LIO plano-convexa de PMMA suele ser normalmente de +3.0 D a +3.5 D.

La utilización de la interferometría de coherencia parcial hace relativamente fácil medir la AXL en ojos con silicona. La biometría con esta técnica es fácil y reproducible. Si el paciente puede fijar obtendremos la medida hasta la mácula obteniendo de esta forma la AXL refractiva, mejor que la anatómica. Esto es especialmente importante en ojos con estafiloma posterior (12, 13, 14, 15, 16).

1.B.4) Catarata intumescente:

El cristalino está más hidratado y su grosor será mayor. Esta situación disminuye la velocidad de US de 1641 m/seg a 1590 m/seg. Si no lo tenemos en cuenta la AXL será 0,15 mm mayor, originando un error refractivo final de +0.5 D (4).

1.B.5) Catarata brunescente:

Origina una reflexión total de los US y no se observa el pico retiniano en el eco-A. Tendremos que elegir la LIO según la historia refractiva previa o utilizando la AXL del otro ojo (4).

1.B.6) Estafiloma:

Es un hecho bien conocido que la incidencia de estafiloma posterior aumenta conforme crece la AXL. Es infrecuente en ojos menores a 26,5 mm, pero se encuentra en hasta un 70% de ojos mayores a 33,5 mm (10).

La mayoría de estafilomas se localizan en la región peripapilar, adyacentes, aunque no centrados, en la mácula. Cuando la fóvea se sitúa en la pared de un estafiloma sólo es posible obtener un eco retiniano adecuado cuando el haz se dirige de manera excéntrica a la fóvea, hacia el fondo redondeado del estafiloma. Esto origina una medida de AXL erróneamente alta. Y paradójicamente, si el haz de US está correctamente alineado con el eje refractivo, el pico correspondiente a la retina es de mala calidad y las medidas muy inconsistentes.

Ciertos hallazgos sugieren la presencia de un estafiloma posterior: AXL alta con medidas de AXL inconsistentes de un ojo comparado con su compañero. Debemos considerer su existencia siempre que sea difícil la obtención de un eco claro procedente de retina en presencia de una miopía de moderada a alta. El estafiloma tiene un impacto considerable en la medida de la AXL, ya que la parte más posterior del globo (AXL anatómica) puede no corresponderse con el centro de la mácula (AXL refractiva). La no detección de un estafiloma puede conducir a una sorpresa refractiva tras una cirugía de cataratas.

La presencia de un estafiloma posterior conduce a errores significativos en la biometría por eco-A. Ello es debido a que la AXL anatómica (distancia de vértex corneal a polo posterior) puede no ser igual a la AXL refractiva (la distancia del vértex corneal a la fóvea). Es conveniente saber que esta variación anatómica puede estar presente en cualquier miope axial (17).

Podemos utilizar la Eco-A/eco-B por inmersión para medir la AXL alineada con el centro de la mácula en un estafiloma: se obtiene una eco por inmersión a través del polo posterior utilizando un eco-B. El objetivo es centrar los ecos de la córnea y el cristalino visualizando simultáneamente la sombra del nervio óptico. Ajustamos a continuación el vector-A para que pase por el centro de la córnea y de los ecos del cristalino. Tal alineación asegura que el vector pase por la fóvea (18).

Con la visualización de la sombra del nervio óptico por eco-B, un vector A simultáneo se dirige al centro de la mácula, 4,5 mm temporal al borde del nervio óptico. De manera alternativa, se puede identificar el centro de la mácula con un oftalmoscopio directo, medimos con la cruz la distancia desde la mácula al margen de la papila. Posicionamos el vector A a la misma distancia temporalmente al vacío del nervio óptico con un eco-B simultáneo (19).

El método más sencillo para medir la AXL en un ojo con estafiloma es utilizar la interferometría de coherencia óptica. Si La AV del paciente es lo suficientemente buena como para poder mirar a la luz de fijación, la medida de AXL pasará por el centro de la mácula (15, 16).

En caso de extrema dificultad para realizar la biometría en un ojo, se puede realizar la biometría del otro ojo y, teniendo en cuenta la historia refractiva del paciente, obtener un cálculo de LIO adecuado.

2. Métodos ópticos: Interferometría

Durante la década de los 90 se ha desarrollado un biómetro nuevo no invasivo basado en el principio de biometría óptica con interferometría parcialmente coherente (PCI): la tomografía de coherencia óptica. Esta técnica está basada en la proyección de dos haces de luz infrarroja sobre el globo ocular y la medición de la reflexión de estos haces sobre las distintas superficies oculares. Este doble haz permite eliminar la influencia de los movimientos longitudinales del ojo durante las mediciones, usando la córnea como superficie de referencia. Es una variación de la tomografía de coherencia óptica (OCT) que mide sin contacto la distancia desde el vértice corneal hasta la capa del epitelio pigmentario de la retina con una fiabilidad de 0,2 mm o incluso mejor (11).

La exactitud frente a los sistemas convencionales de US deriva de que mide exactamente en el eje de la visión, mientras que en aquellos las medidas pueden quedar en un rango de -3° a +8°. Además los US se quedan en la limitante interna, mientras que por interferometría se llega hasta el epitelio pigmentario de la retina. Una de las grandes ventajas que aporta es su fiabilidad y reproductibilidad. Los inconvenientes de este dispositivo estriban en que cataratas muy densas, ojos con dificultad de fijación o deformidades corneales pueden no ser medidos, obligando a realizar una biometría acústica, lo cual ocurre en el 5% de los casos (13, 14).

Tiene las siguientes ventajas respecto a los biómetros de contacto:

– Técnica de no contacto: evita las distorsiones y errores que pueden producir la depresión corneal de la biometría ultrasónica de contacto. Por ello, también evita el uso de anestesia y la posibilidad de transmitir enfermedades de un enfermo a otro o producir lesiones corneales (8).

– Rápida medición: la ALX, el radio de la córnea y la profundidad de la cámara anterior del ojo del paciente, son medidas en un único instrumento.

– Elevada precisión, incluso en casos difíciles (estafiloma posterior, ametropía extrema, pseudofaquia, vitrectomía).

– La medición no se afecta en midriasis (12).

– No hay que variar la velocidad del haz de luz, siendo válido en pacientes pseudofáquicos (7, 13).

– El instrumento detecta automáticamente el ojo derecho o el izquierdo mientras toma las medidas, por lo que elimina el riesgo de confundir el ojo medido.

Pero también tiene sus inconvenientes, pues además de su elevado coste, la luz infrarroja no puede atravesar medios opacos (leucomas corneales, cataratas muy densas, hemorragias vítreas) por lo que en estos casos debe utilizarse otro tipo de biómetro (16).

Tras comparar los distintos tipos de biómetros, numerosos estudios concluyen que el biómetro de no contacto demuestra una mayor precisión que el biómetro de contacto, aunque para algunos autores (14, 15) sea tan preciso como el biómetro de inmersión. Lo que sí es evidente, es que por su simplicidad y rapidez a la hora de realizar la prueba su uso está siendo cada vez más extendido.

Se considera que la biometría ocular más exacta y por tanto, el estándar de calidad aceptable en estos momentos es la obtenida mediante interferometría óptica o mediante US por inmersión (14).

Condiciones para dar por válida una biometría

Eco ideal:
1. Medir la AXL de ambos ojos.
2. Todas las medidas en el mismo ojo no deben diferir más de 0,2 mm.
3. Al menos 5 medidas en cada ojo.
4. Pupila no dilatada para que el iris ayude a alinear la sonda.
5. Concordancia entre AXL y refracción.

Un segundo explorador debe realizar las medidas si:

1. La AXL es <22 ó >25 mm.

2. La AXL es >26 mm y hay un pico de retina pobre o mucha variabilidad en los resultados. En este caso sería aconsejable una eco-B para buscar un estafiloma. Al mismo tiempo, medimos la AXL al centro de la macula con un vector A. Si no podemos identificar la mácula, debemos medir la AXL 4,5 mm temporal a la sombra originada por el nervio óptico.

3. Existe una diferencia entre los dos ojos de 0,33 mm que no se correlaciona con la refracción del paciente.

4. La AXL no concuerda con el error refractivo del paciente. En general, los miopes deben tener AXL >24 mm y los hipermétropes <24 mm. Las excepciones a esta regla serían los pacientes con córneas planas o curvas.

5. Encontramos difícil obtener ecos altos y bien posicionados o existe amplia variabilidad el las AXL del mismo ojo.

QUERATOMETRÍA

QUERATOMETRÍA (K)

Tras la AXL, la queratometría es el segundo factor más importante a la hora de calcular la potencia de la LIO. La medida correcta de la curvatura corneal es importante, pues un error de 1 dioptría induce una desviación de 1 dioptría en el cálculo del poder de la LIO (9). Siempre hay que hacer la queratometría *antes* de la biometría, para que la sonda del ecógrafo no altere la regularidad de la superficie corneal. Los pacientes portadores de lentes de contacto (blandas y duras) deben suspender su uso hasta obtener unos registros queratométricos estables (17).

El radio de curvatura corneal (r) y la potencia refractiva corneal en dioptrías (D) pueden medirse por queratometría. La K se deriva de la siguiente fórmula:

$$K = (n2 - n1)/r$$

n2 = 1,3375 (índice de refracción queratométrico estándar)

n1 = 1 (índice de refracción del aire)

Los valores queratométricos pueden obtenerse mediante sistemas manuales, automáticos y topográficos. La queratometría manual estima el poder refractivo corneal midiendo cuatro puntos de una zona óptica estándar; la automática se realiza con aparatos de inteferometría, teniendo en cuenta que la lectura obtenida por el interferómetro maneja un índice de refracción distinto al de los dispositivos manuales.

La queratometría topográfica sirve como ayuda en el cálculo de casos complejos:

- Para valorar córneas más planas de 40D o más curvas de 46D.

- Para obtener una representación gráfica de astigmatismos medios y altos preoperatorios.

- En córneas irregulares (queratocono, traumatismo).

- Cirugía corneal previa (cirugía refractiva, trasplantados corneales). En las situaciones anteriores es útil realizar una topografía, aunque es necesario saber que tras una queratotomía radial, una PRK o un LASIK la potencia corneal central de la córnea es difícil de medir por cualquier forma de medida directa como la queratometría o la topografía. Ambas asumen una relación normal entre las superficies anterior y posterior del cristalino, relación que se pierde definitivamente tras la cirugía refractiva corneal (20).

Un segundo explorador debe confirmar la K si:

1. La K es <40 ó >47 D.
2. La diferencia entre ambos ojos es > 1 D.
3. El paciente no puede fijar (agujero macular, catarata madura).
4. El astigmatismo corneal por queratometría o topografía no se correlaciona con el astigmatismo en la refracción más reciente.
5. El diámetro corneal es < 11mm

FÓRMULAS BIOMÉTRICAS

FÓRMULAS BIOMÉTRICAS.

La fórmula de cálculo intenta determinar la potencia refractiva de la LIO que producirá un ojo emétrope, es decir, un sistema óptico donde un punto objeto producirá un punto imagen idéntico, enfocado, en la mácula.

Hay dos tipos de fórmulas: teóricas (aplican la geometría óptica a un ojo esquemático, sin considerar el análisis de las medidas clínicas del paciente) y empíricas o de regresión (analizan los resultados de la refracción postoperatoria de múltiples intervenciones y los relaciona con la longitud axial y la queratometría).

Tanto las fórmulas teóricas como las empíricas son perfectamente válidas para calcular el poder dióptrico de la LIO, sin que se hayan encontrado diferencias estadísticamente significativas entre ellas.

1. Fórmulas empíricas.

Son fórmulas obtenidas a partir del análisis estadístico de una serie de casos donde el investigador determina los principales factores predictores y calcula unos coeficientes de ajuste para obtener el resultado más preciso posible. La más empleada ha sido la SRK II (20, 21, 22).

Las fórmulas empíricas tienen su talón de Aquiles en la base de datos a partir de la que se calculan. Serán tan buenas como buenos sean los datos de origen, por ello, en ojos extremos tienden a fallar, al ser el número de estos pequeños en la base de datos originaria, y en casos anormales (ojos tras cirugía refractiva corneal, aceite de silicona intraocular, etc.) simplemente no funcionan (22).

Por ello la tendencia actual es a abandonarlas a favor de modelos teóricos basados en óptica geométrica que permiten calcular cualquier caso.

2. Fórmulas teóricas.

Las fórmulas teóricas calculan la refracción de la luz en el ojo pseudofáquico mediante la aplicación de leyes de óptica geométrica. La mayoría de ellas son fórmulas de vergencia óptica. En los últimos años han aparecido también fórmulas basadas en trazado de rayos. La gran ventaja de estas fórmulas es que, si son correctas, pueden aplicarse a cualquier caso, siempre que se conozcan los elementos ópticos (curvaturas, índices de refracción y distancia) del ojo en estudio.

Todas ellas se enfrentan a un problema común previo al cálculo óptico en sí: la necesidad de predecir a partir de datos preoperatorios la posición que tomará dentro del ojo la LIO, esto es, la distancia córnea-LIO. A este valor se le han dado varios nombres a lo largo de los años, siendo los más frecuentes ACD (anterior chamber depth) y ELP (effective lens position). No hay que confundir la ACD pseudofáquica con la ACD fáquica preoperatoria, la cual sí es medible mediante ultrasonidos, corte óptico o interferometría óptica.

La mejora en la capacidad predictiva de las fórmulas teóricas a través de los años ha derivado de la mayor precisión en la predicción de la ELP (22).

2.1. Fórmulas teóricas de 1ª generación.

La ELP era un valor constante para cada modelo de LIO. Por ejemplo en las de fijación iridiana era 4 mm. A esta categoría pertenecen las fórmulas de Fyodorov (1967), Colenbrander (1973), Hoffer (1974), Thijssen (1975), Van Der Heijde (1975) y Binkhorst I (1976).

Fyodorov fue el primero en publicar en 1967 una fórmula teórica para calcular el poder de la lente que se debía implantar en el ojo en función de la ALX y la queratometría (K), mientras que considera constante el índice de refracción corneal (n) y la profundidad de la cámara anterior (C).

Surgieron varias fórmulas (Colenbrander, Binkhorst original) bastante parecidas, que por emplear constantes teóricas no consideran el análisis de las medidas clínicas del individuo.

Los autores Sanders, Retzlaff y Kraft (SRK) crearon una fórmula empírica que se basa en el estudio retrospectivo (o de regresión) de los resultados de la refracción post-operatoria obtenida tras múltiples intervenciones quirúrgicas con implantes de LIO. O sea, se origina de la experiencia aportada por los cirujanos al relacionar el valor preoperatorio de la longitud axial y queratometría, el poder dióptrico de la lente y el error refractivo postoperatorio. Realiza el cálculo a través de estudios estadísticos de regresión lineal de las variables empleadas con el poder dióptrico de la LIO.

La fórmula SRK es bastante más sencilla que el resto de las fórmulas teóricas existentes en esa época, por lo que su uso se extendió rápidamente.

2.2. Fórmulas teóricas de 2ª generación.

La ELP se convirtió en una variable que cambiaba en función de la AXL: cuanto mayor era ésta mayor era la ELP. Fue Binkhorst quien introdujo este cambio en 1981.

El problema de las fórmulas anteriores es que asumen que la posición efectiva de la lente (ELP) es igual en todos los ojos, independientemente de la ALX. Por ello autores como Hoffer y Binkhorst observaron que los ojos largos quedaban hipercorregidos y los ojos cortos hipocorregidos. Por todo ello dedujeron que el valor de la profundidad de la cámara anterior "ACD" se debía calcular en función de la ALX, realizando estas modificaciones:

ACD = (0.292 x ALX) – 2.93 (Hoffer)

ACD = (ALX / 23.45) x ACDpre (Binkhorst)

Los autores de la fórmula SRK observaron que funcionaba bien para valores estándar de ALX pero también detectaron que los ojos largos con ALX > 24,5 mm sufrían errores hiperópicos y los ojos cortos con ALX < 22,5 mm quedaban con errores miópicos.

Para corregir las limitaciones de su fórmula en ojos con ALX extremas propusieron hacer variable el valor de A en función de la ALX: se aumenta 1, 2 ó 3 dioptrías al valor de A para ojos cortos y se resta 0,5 dioptrías en ojos largos, transformando así la fórmula SRK en SRK-II.

2.3. Fórmulas teóricas de 3ª generación.

Probablemente las más empleadas en la actualidad. Tratan de predecir la ELP en función de dos parámetros: la ALX y la queratometría. A mayor AXL mayor ELP, y a mayor valor K mayor ELP.

A esta generación pertenecen: SRK-T (1990) (22), Holladay I (1988) (23), Hoffer Q (1993) (24), Olsen (25) y Haigis (1996) (26). En esta última la predicción de la ELP se hace en función de AXL y ACD.

La efectividad y la capacidad de predicción de todas estas fórmulas dependen de la aplicación correcta de las constantes. En general, las predicciones difieren poco entre las distintas fórmulas. Sin embargo, la aplicación de una constante equivocada inducirá un error significativo en el cálculo (9). Las constantes difieren para cada fórmula.

Para no crear confusiones, es mejor emplear el término "constante ACD" en lugar de "ACD", ya que es un valor constante para cada tipo de lente y no representa la medida real ni teórica de la profundidad de la cámara anterior, sino que representa un valor conceptual (27, 28).

En 1988 Holladay considera que para poder predecir preoperatoriamente el valor de la profundidad de la cámara anterior (ACD) postoperatoria ésta debe relacionarse con la ALX y con la altura de la cúpula corneal (H), la cual a su vez, se relaciona con el radio de curvatura corneal, con el diámetro corneal, y con un "factor dependiente del cirujano" o SF (surgeon factor), que equivale a la distancia desde el plano iridiano al plano principal de la LIO (29).

Los mismos autores de la fórmula SRK (21), conscientes de que la posición efectiva de la lente es muy importante para disminuir el error dióptrico final, proponen una teorificación de su fórmula, obteniendo así la SRK/T (28).

La constante A, la constante ACD y el factor quirúrgico SF son valores constantes y específicos de cada LIO. El valor depende de la posición final de la LIO dentro del ojo, que depende de la morfología de la óptica, características y angulación de los hápticos y de la técnica quirúrgica empleada (implante en saco, LIO suturada a sulcus) (29). Las tres constantes se correlacionan entre sí (una constante A de 117,5 se corresponde con una ACD de 4,65). Las constantes recomendadas por los fabricantes son muy exactas, pues se han calculado tras analizar bases de datos y comparar LIO idénticas.

2.3.1 Comportamiento predictivo de las fórmulas de 3ª generación.

Esta sería la recomendación actual según las bases de datos de grandes series de resultados refractivos. Para AXL de 22,50 a 26 y queratometrías de

41 a 46, cualquier fórmula moderna dará buenos resultados. Para ojos fuera de este rango, las fórmulas de nueva generación como la Holladay-II o la Haigis (optimizada a las constantes a0, a1 y a2) serían mejores elecciones.

La exactitud de cualquier fórmula aumenta cuando la constante-A, el SF o la ACD están "personalizados":

ALX en mm	Haigis optimizada a0	Haigis optimizada a0, a1 y a2	Hoffer Q optimizada con ACD	Holladay 1 optimizada con SF	Holladay 2 optimizada con ACD	SRK/T optimizada con cte A
18,00 – 19,99	0,50 D	0.50 D	0.50 D	1.00 D	0.50 D	2.00 D
20,00 – 21,99	0,25 D	0,25 D	0,25 D	0.50 D	0,25 D	1.00 D
22,00 – 25,99	0,25 D	0,25 D	0,25 D	0,25 D	0,25 D	0,25 D
26,00 – 27,99	0,25 D	0,25 D	0.50 D	0,25 D	0,25 D	0,25 D
28,00 – 30,00	0.50 D	0,25 D	0.50 D	0,25 D	0,25 D	0.50 D
LIOs negativas	1.00 D	0.50 D	1.00 D	0.50 D	0.50 D	1.00 D

No está claramente demostrado que ninguna fórmula de 3ª generación sea superior a las demás en capacidad predictiva. Hoffer observó diferencias en función de la longitud axial, de manera que en ojos con longitud axial corta, inferior a 22 mm, la fórmula Hoffer Q fue más precisa. En ojos medios, con longitud axial entre 22 y 24,5 mm todas ofrecieron una efectividad similar. En ojos moderadamente largos, entre 24,5 y 26 mm, la Holladay 1 fue superior. En ojos muy largos, con longitud axial mayor que 26 mm la SRK-T mostró una predictibilidad superior. Las principales diferencias entre las 3 fórmulas en la potencia de LIO calculada se produce en ojos con AXL corta: Hoffer Q siempre calcula la LIO más potente y SRK-T la menos.

En ojos con valores de K bajos la relación entre las predicciones es similar aunque con valores ligeramente superiores. En ojos largos (AXL > 25 mm) la diferencia entre la potencia de LIO calculada es pequeña, nunca superior a 0,5 D. En ojos normales (ALX entre 22 y 25 mm) esta diferencia puede alcanzar 0,75 D. En ojos cortos (AXL < 22 mm) la diferencia entre la SRK-T y la Hoffer Q puede alcanzar las 2 D. En ojos con valores de K altos, la relación es similar a las anteriores, pero con diferencias nuevamente bajas en ojos largos y normales, y algo mayores en ojos cortos (AXL < 21 mm): 1,25 D entre la SRK-T y Hoffer Q.

2.4. Fórmulas teóricas de 4ª generación.

Son aquéllas en las que el cálculo se realiza a partir de más de 2 factores. Olsen (1990) estima la ELP a partir de 4 variables (AXL, K, ACD -Cámara anterior fáquica- y grosor del cristalino) mediante una fórmula de regresión lineal. Holladay emplea hasta 7 variables predictoras para la ELP en la fórmula Holladay 2 (1996): AXL, K, ACD, grosor del cristalino, diámetro corneal horizontal, refracción preoperatoria y edad. Esta fórmula no ha sido publicada y únicamente esta disponible en un software comercial.

2.5. Fórmulas teóricas de trazado de rayos paraaxial.

Norrby publicó en 2004 una programación de hoja de cálculo modelando un ojo pseudofáquico (30). Este programa puede emplearse para analizar el ojo pseudofáquico ya operado, introduciendo como ELP la distancia córnea-LIO medida con ultrasonidos. También puede modificarse manualmente introduciendo un algoritmo de estimación preoperatorio de la ELP pseudofáquica para el cálculo de la potencia de la LIO previa a la cirugía (por ejemplo el algoritmo de Olsen). Este programa no ha sido validado clínicamente pero resulta interesante para simulaciones de los diferentes casos que pueden presentarse en la práctica diaria.

2.6. Fórmulas teóricas de trazado de rayos exacto.

Preussner ha publicado varios trabajos señalando el trazado de rayos exacto como un método preciso para el cálculo de la LIO (31). En su modelo, la córnea se caracteriza ópticamente a partir de los datos topográficos, lo que permite trazar rayos a cualquier altura del eje óptico. El algoritmo de estimación de la ELP originalmente era el de Olsen (32), si bien recientemente ha incorporado uno propio.

2.7 Disponibilidad de las fórmulas.

La mayoría de los biómetros tienen implementadas en su software las diferentes fórmulas de cálculo de potencia, permitiendo la entrada automática del valor medio de ALX medido, así como la introducción de los valores de K medidos con el queratómetro. La combinación más frecuente en estos paquetes de software es: SRK II, Holladay 1, SRK-T y Hoffer Q.

En algunos biómetros podemos encontrar la fórmula de Haigis (Ocuscan, IOL Master). Algunos aparatos incorporan módulos de corrección para casos tras cirugía refractiva corneal, si bien la formulación doble-K todavía es infrecuente (el primero en emplearlo es el Axis II de Quantel). Existen varios programas comercializados con la mayoría de estas fórmulas integradas:

- Hoffer Programs. Calcula la LIO con las fórmulas Holladay 1, Hoffer Q y SRK-T. Recomienda el mejor resultado teórico en función de la ALX según el esquema de Hoffer antes explicado.

- Holladay IOL Consultant: Dispone de las mismas fórmulas que el programa anterior más la Holladay 2 y la Holladay Refractiva, siendo por tanto el paquete más completo.

- Okulix: Realiza el cálculo mediante trazado de rayos, a partir de una topografía corneal y la AXL. Está pendiente de validación clínica pero marca un posible camino a seguir en el futuro.

Todas las fórmulas teóricas habituales, exceptuando la Holladay 2, están publicadas, por lo que resulta sencillo programarlas en una hoja de cálculo, lo cual permite personalizar la información recibida, así como conocer datos generados en el proceso de cálculo que normalmente permanecen ocultos en el software de los biómetros: ELP estimada, etc. Además esta programación permite separar los algoritmos de predicción de ELP y de vergencia, permitiendo emplear las fórmulas en modo doble-K.

3. Cálculo de la ELP.

Todas las fórmulas realizan el cálculo de vergencia a través de las dos lentes del sistema: LIO y córnea. Como no conocemos el posicionamiento de la primera, el primer paso es estimar dicha distancia, la ELP.

Para dicha estimación nos basamos en la ALX y en la posición postoperatoria de la LIO (esto último es lo fundamental). Un error de 0,1 mm en este cálculo produce un error refractivo de 0,1 dioptrías en el cálculo de la LIO (18).

Determinar la ELP permite calcular la posición de la lente óptima o "personalizada" basada en la experiencia individual con cualquier tipo de lente, promediado con 20-30 casos. Este número es el que se utilizará en cualquier fórmula de cálculo de la LIO.

Holladay publicó por primera vez la solución de la fórmula de vergencia de la longitud axial para determinar la posición efectiva de la lente, anteriormente conocida como profundidad de cámara anterior o ACD (27).

Veamos cómo se determina paso a paso:

Paso 1: la AXL ultrasónica (ALu) para cada caso debe convertirse a AXL óptica (ALo). Esto corrige la diferencia entre la localización del plano principal secundario de la córnea (Pc2 = +0.05 mm) y el grosor de la retina, la distancia entre la interfase vítreo-retiniana y la capa de células visuales (Rt = +0.25 mm).

$$AL_o = AL_u - P_{c2} + R_t$$

$$AL_o = AL_u - 0.05 \, mm + 0.25 \, mm$$

$$AL_o = AL_u + 0.20 \, mm$$

Paso 2: El poder queratométrico de la córnea (Kk) debe convertirse al poder óptico neto para cada caso (Ko). Esto corrige el hecho de que el índice queratométrico estandarizado no fisiológico sea de 1,3375 y que el índice de refracción corneal real sea de 1,3333 o 4/3.

$$K_o = K_k * \frac{4/3 - 1}{1.3375 - 1}$$

$$K_o = K_k * \frac{1/3}{0.3375} = 0.98765431 * K_k$$

Paso 3: Las siguientes ecuaciones son la solución inversa de Holladay a la fórmula de vergencia de la AXL para la ELP. Esta asume que conocemos lo siguiente: La queratometría post-operatoria (Kk), la AXL preoperatoria (ALu), la refracción postoperatoria real estable (APostRx); la distancia al vértex (V), y la potencia de la LIO (IOLe). Para LIO positiva, el signo que aparece delante de la raíz cuadrada es negativa y para una LIO negativa (como las que se implantan en la miopía extrema) el signo es positivo.

$$X = \frac{1336}{\frac{1000}{\frac{1000}{APostRx} - V} + K_o}$$

$$A = IOL_e$$

$$B = -IOL_e * (AL_o + X)$$

$$C = 1336(AL_o - X) + IOL_e * X * AL_o$$

$$ELP_o = \frac{-B \pm \sqrt{B^2 - 4A * C}}{2A}$$

Ejemplo 1 – LIO en saco capsular:

$$X = \frac{1336}{\frac{1000}{\frac{1000}{-0.50} - 12.0} + (0.5(46.87 + 46.50)) * 0.98765431} = 29.29$$

$$A = 22.50$$

$$B = -22.50 * (22.48 + 29.29) = -1164.84$$

$$C = 1336(22.48 - 29.29) + 22.50 * 29.29 * 22.48 = 5716.08$$

$$ELP_o = \frac{-(-1164.84) - \sqrt{(-1164.84 * -1164.84) - (4 * 22.50 * 5716.08)}}{(2 * 22.50)} = 5.489$$

Ejemplo 2 – LIO en sulcus:

Esta es la ELP postoperatoria para una LIO acrílica implantada en sulcus. La AXL ultrasónica corregida (ALo = 22.28 + 0.20) es 22.48 mm, la refracción post-operatoria (APostRx) a las 6 semanas es -1,375 D, la distancia al vértex (V) es 12 mm, la queratometría post-operatoria es 46.87 / 46.50 x 090, y la potencia de la LIO (IOLe) es +22.50 D. Es de notar que aunque todos los parámetros son iguales a los del ejemplo anterior, la posición más anterior de la LIO en sulcus origina un mayor grado de miopía.

$$X = \cfrac{1336}{\cfrac{1000}{\cfrac{1000}{-1.375} - 12.0} + (0.5(46.87 + 46.50))*0.98765431} = 29.85$$

$A = 22.50$

$B = -22.50 * (22.48 + 29.85) = -1177.44$

$C = 1336(22.48 - 29.85) + 22.50 * 29.85 * 22.48 = 5251.17$

$$ELP_o = \frac{-(-1177.44) - \sqrt{(-1177.44 * -1177.44) - (4 * 22.50 * 5251.17)}}{(2 * 22.50)} = 4.923$$

4. La elección de la fórmula. ¿Qué fórmula usar en la práctica diaria?

Las fórmulas de 3ª y 4ª generación han desplazado en los últimos años a las empíricas y a las teóricas de 2ª generación por su mayor precisión, especialmente en ojos con valores de AXL y K fuera de lo normal.

La diferencia entre las diferentes fórmulas de 3ª generación no es significativa en la mayoría de los casos, salvo en el caso de los ojos cortos, donde la Hoffer Q siempre calcula potencias superiores a la Holladay 1 y, sobre todo, a la SRK/T. Varios trabajos han mostrado la superioridad de la Hoffer Q para el cálculo de la LIO en ojos cortos (29,30).

El esquema de indicación empleado es el siguiente:

— SRK/T para ojos con AXL superior a 22 mm. Es importante valorar la ACD preoperatoria ya que la fórmula no lo hace: cuando este valor se aleja significativamente de los valores normales conviene adaptar la potencia de LIO. Ejemplo: AXL: 23 mm; K: 43 D y ACD: 3,95 mm. En este caso la SRK/T predice 22,61 D como potencia de LIO emetropizante (constante A=118,4). Sin embargo como la ACD es superior al valor habitual en esta biometría (sobre 3,40 mm) cabe esperar un posicionamiento de la LIO más posterior que el que estima la SRK/T, por lo que habrá que incrementar 0,50 D la potencia de la LIO (0,40 D por cada 0,50 mm de cambio en ACD aproximadamente).

En ojos muy largos (> 31 mm) hay que tender a sumar algo de potencia a la LIO por la tendencia de estas fórmulas a calcular una LIO excesivamente negativa, hipermetropizando la refracción.

— Holladay 2 para ojos con AXL inferior a 22 mm. La Hoffer Q puede ser una opción interesante también en estos ojos.

— En caso de alteración corneal (quirúrgica o patológica) hay que valorar el efecto que dicho cambio puede tener sobre la predicción de la ELP. El efecto más típico es el inducido por la cirugía refractiva corneal.

No está claramente demostrado que ninguna fórmula de 3.ª generación sea superior a las demás en capacidad predictiva (33). Hoffer observa diferencias en función de la longitud axial, de manera que en ojos con longitud axial corta, inferior a 22 mm, la fórmula Hoffer Q y la Holladay II son más precisas. En ojos medios, con longitud axial entre 22 y 24,5 mm todas ofrecen una efectividad similar. En ojos moderadamente largos, entre 24,5 y 26 mm, la Holladay 1 parece superior. En ojos muy largos, con longitud axial mayor que 26 mm la SRK-T o la Holladay II muestran una predictibilidad superior (27, 28, 29, 33).

La Holladay 2 también se ha mostrado en la práctica como una fórmula precisa en los ojos cortos, resultando muy útil su capacidad de estimar la ELP no sólo en función de AXL y K, sino también de ACD (además de otros factores). Esto incrementa claramente la precisión en estos ojos, ya que en ellos el error en la estimación de ELP se traduce en una mayor diferencia refractiva (29, 33).

La fórmula de Haigis también muestra un comportamiento predictivo correcto en todo el rango de AXL, si bien requiere un adecuado ajuste de las 3 constantes que definen la LIO (a0, a1 y a2) (26).

En ojos con ALX entre 22 y 24,5 mm todas las fórmulas tienen un resultado aceptable, incluso las de 2ª generación, por lo que no debe suponer un problema la elección de la potencia de la LIO. Para AXL de 22,50 a 26 y queratometrías de 41 a 46, cualquier fórmula moderna dará buenos resultados. Para ojos fuera de este rango, las fórmulas de nueva generación como la Holladay-II o la Haigis (optimizada a las constantes a0, a1 y a2) serían mejores elecciones, teniendo en cuenta que la exactitud de cualquier formula aumenta cuando la constante-A, el SF o la ACD están "personalizados" (33).

EL IMPLANTE DE LA LIO

EL IMPLANTE DE LA LIO.

Lo primero que debe plantearse el cirujano es la refracción postoperatoria que quiere conseguir. El objetivo es lograr la emetropía, considerando ésta entre 0,00 y -1,00 D. Con este valor el paciente mantiene una perfecta visión de cerca y aceptable visión lejana. En personas ancianas y sedentarias se tiende a miopizar hasta 1 D.

La localización idónea de la LIO es la cámara posterior, pues la magnificación que dan es mínima (menor de un 3%) (19). En el caso de implantar la LIO en el sulcus, al quedar más lejana de la retina, se aumenta el poder efectivo de la LIO unas 0,5 D, por lo que será necesario una LIO de menor poder (3,4) aunque algunos autores no consideran que la localización de la LIO en sulcus afecte a la refracción postoperatoria. También se pueden implantar en cámara anterior, ya sean de soporte angular o iridiano, pero la magnificación que dan es mayor.

Es importante considerar la inclinación de la LIO: puede modificar el poder dióptrico y provocar aberraciones esféricas y astigmatismo. Por ejemplo, una lente de 20 D con una inclinación de 20º provoca un astigmatismo de 2 D (19).

1. Cálculo biométrico en ojos hipermétropes

Consideraciones previas.

Se considera ojo corto al que tiene una ALX < 22mm. El cálculo de la potencia de la LIO emetropizante es más complicado en estos ojos por varios motivos:

– El error en la medida de la longitud axial (ALX) de 1 mm en el ojo corto tiene más repercusión que en un ojo largo (33).

– Algunos biómetros emplean velocidades medias para ojos de ALX normal y no la varían según la estructura que atraviesa el ultrasonido. La proporción de la longitud del medio sólido (cristalino) es mayor en relación con los medios líquidos, por lo que la velocidad media es más alta y la ALX calculada es más corta que la real. Se recomienda utilizar una velocidad de ultrasonido media de 1560 m/seg (34, 35, 36, 37).

– Las fórmulas biométricas de cálculo cometen errores inaceptables, en comparación con ojos de ALX normal, debido a su dificultad para predecir la ELP, única variable que no puede ser medida intraoperatoriamente ya que asumen que en ojos cortos, el segmento anterior también es más corto, hecho que no es cierto (38,39).

En ojos cortos serán necesarias varias exploraciones preoperatorias: queratometría, diámetro corneal, paquimetría, profundidad de CA, espesor cristaliniano, grosor esclerocoroideo y profundidad de cavidad vítrea.

Biometría.

Entre las técnicas específicamente recomendadas destacan la técnica de inmersión en la biometría ultrasónica y la interferometría óptica. La técnica de aplanación no se debe utilizar; en caso de ser necesaria seleccionaríamos la AXL correspondiente a la medida con la que se obtenga una mayor profundidad de CA, que se correspondería con la medida en la que se ha ejercido menor compresión sobre la córnea (40, 41).

Ecografía.

En ojos cortos es útil, como medida peroperatoria, medir el espesor esclerocoroideo. La presencia de engrosamiento puede confirmar el diagnóstico de nanoftalmos y permitiría establecer las medidas preoperatorias para minimizar el riesgo de complicaciones. En condiciones normales, el complejo retina-coroides-esclera representa una única estructura en el análisis ecográfico del ojo, por lo que podemos considerar un esclera engrosada aquella cuyo espesor supere los 1,7 mm.

Fórmulas:

Casi todas las fórmulas fallan en la predicción de la ELP a partir de la AXL y de la ACD determinada empíricamente: se asume que el segmento anterior es proporcionalmente corto en ojos cortos, circunstancia que no siempre es cierta (42, 43). Por tanto, cuanto más variables predictoras utilicemos en el cálculo de la ELP mayor será la precisión de la fórmula: cuanta más información se recoja referente a la cámara anterior, mejor será la predicción de la ELP.

Las fórmulas que permiten una mayor predictibilidad son la Holladay II, que recoge hasta 7 variables (AXL, queratometría, diámetro corneal horizontal, ACD, grosor del cristalino, refracción preoperatoria y edad) y la de Haigis (26).

En general, las fórmulas de 3ª generación (Holladay, SRK-T y Hoffer Q) suelen dejar un error hipermetrópico residual. Esto es debido a que calculan la posición final de la LIO a partir de la ALX y la constante ACD determinados empíricamente (22, 24). Según Fenzl (36), la fórmula de Holladay II logra que un 90% de los pacientes queden con el rango de ±1 D de la refracción deseada y un 100% en ±2 D.

Aramberri (41) también afirma que las fórmulas biométricas cometen errores de cálculo significativo, por lo que propone utilizar un factor de corrección, siendo la SRK II la que mayor error predictivo provoca y Hoffer Q la que menos.

Una limitación al implantar una LIO en un ojo microftálmico es que no se fabrican lentes de potencia superior a 40 D, debido a la aberración esférica que produce una superficie óptica con un radio de curvatura demasiado pequeño [33]. Hasta 1993 la única opción era resignarse a una hipermetropía residual importante, hasta que Gayton [37] describió la técnica de implantar dos LIOs en el globo ocular (piggy-back).

2. Cálculo biométrico en el ojo miope.

Consideraciones previas.

Se considera ojo largo aquel que tiene una ALX>24,5 mm. La causa más frecuente de obtener errores refractivos en estos ojos se debe a medidas incorrectas de la ALX. El cálculo de la potencia de la LIO puede ser difícil en estos ojos debido a:

– Algunos biómetros emplean velocidades del sonido medias, lo cual sólo es fiable en ojos de tamaño normal. En los ojos largos la proporción de la longitud del cristalino es menor con respecto a los medios líquidos y, además, el vítreo es más fluido. Por ello es recomendable regular la velocidad media a 1550 m/s (40, 42).

– Existe cierta dificultad para realizar la medida de la ALX. Por un lado, la rigidez escleral es menor, por lo que la indentación corneal provocada por el biómetro de contacto es mayor. Por otro lado, no siempre es fácil alinear la sonda del biómetro con la fóvea, debido a la presencia de estafilomas. En estos casos se puede realizar una eco-B para localizar la mácula y modificar la dirección del vector unidimensional sobre la imagen para que se alinee con la mácula y medir así la ALX (40, 43, 44).

Fórmulas biométricas.

Las fórmulas de 1ª y 2ª generación cometen errores inaceptables en ojos con una ALX > 24,5 mm. Para Hoffer (35), la fórmula SRK-T es la que menor error tiene en ojos con ALX > 24,5 mm. Propone usar una modificación de la SRK en estos ojos (SRKL) y concluye que esta fórmula, junto con la SRK-T obtiene los mejores resultados.

En ojos con ALX > 27 mm, Zaldívar (44) afirma que tanto las fórmulas de 3ª y 4ª generación dejan una miopía residual de -1 a -4 D, aconsejando realizar eco-B para localizar el estafiloma posterior.

Otra opción es realizar, mediante un autorrefractómetro portátil, una autorrefractometría en afaquia. Una vez realizada una facoemulsificación y repuesta la cámara anterior con BSS, y antes de implantar la LIO, se realiza la autorrefractometría y se multiplica por un factor de refracción, que en los miopes altos varía entre 1,6 y 2, para conocer así la potencia de la LIO a introducir. En casos de biometría difícil o poco fiable puede ser de ayuda el dato proporcionado por este método (42, 43, 44).

3. Cálculo biométrico tras cirugía refractiva.

Cada vez es más frecuente programar para cirugía de cataratas a pacientes a los que previamente se ha efectuado cirugía refractiva. El problema que surge con tales pacientes es el de calcular una lente intraocular de potencia adecuada para conseguir un grado de ametropía satisfactorio. El cálculo inexacto de la potencia dióptrica de la LIO a implantar en la cirugía de catarata tras la realización de cirugía refractiva es un problema de importancia creciente (45, 46, 47, 48).

El cálculo de la lente intraocular (LIO) en pacientes intervenidos de cirugía refractiva corneal es mucho más complejo de lo normal, pues además de tener longitudes axiales extremas, que ya complica por sí mismo el cálculo, se añaden factores por la cirugía previa que alteran la predictibilidad de las fórmulas existentes.

La sorpresa refractiva tras la cirugía de cristalino se convierte, por tanto, en una situación frecuente en estos pacientes. Las razones son dos: un cálculo incorrecto de la potencia corneal y una estimación incorrecta de la posición efectiva de la lente (effective lens position, ELP) cuando se calcula mediante una fórmula teórica de tercera generación y se utiliza solamente la Kpost sin efectuar las correcciones oportunas.

La potencia dióptrica total de la córnea es la suma de la potencia de la cara anterior (lente convexa) y de la posterior (lente cóncava). Tras la cirugía refractiva se produce un cambio en la curvatura de la superficie anterior, mientras que no cambia la superficie posterior. La queratometría tradicional y la queratometría simulada por la topografía corneal estima la potencia corneal midiendo los 3,2 mm centrales de la superficie anterior. Para una córnea normal prolata esta asunción es adecuada, pero tras cirugía refractiva la relación se altera. Los instrumentos que miden tanto la superficie anterior como la posterior, como el Orbscan y el Pentacam pueden disminuir este error en la determinación de la potencia corneal total. No obstante, los errores de la queratometría pueden tener otras implicaciones (49, 50, 51).

La queratometría calcula una potencia media corneal utilizando un índice de refracción de 1,3375, un valor que promedia las potencias dióptricas de la superficie corneal anterior y posterior. Tras la cirugía refractiva estas relaciones ya no se mantienen, lo que origina un error en el cálculo de la ELP. La alteración en la relación entre la cara anterior y posterior de la córnea tras un procedimiento refractivo y la utilización del índice queratométrico estándar condiciona que la lectura queratométrica aportada por los queratómetros o por los topógrafos sea inexacta, pero no condiciona más que de manera secundaria un error en el cálculo de la ELP. Si la K se mide mal repercutirá en el cálculo de la ELP, pero aunque se midiera bien, si se utiliza dicha K postcirugía refractiva, la ELP se calcularía bien para esa K pero resultaría inadecuada para se ojo y para lograr la emetropía, pues sería necesario utilizar la K previa a la cirugía refractiva, donde la lectura con los aparatos habituales fue correcta utilizando el índice queratométrrico estándar para el cálculo de la ELP (52, 53, 54, 55).

La alteración del índice de refracción tras cirugía refractiva corneal es otra fuente de error: los queratómetros estándar se basan en un índice de refracción de la córnea de 1,3375 para convertir el radio de curvatura a potencia dióptrica. Tras la cirugía refractiva el índice de refracción se altera (56, 57, 58). Tras cirugía refractiva ablacional se produce un aplanamiento de la superficie anterior de la córnea sin que cambie la posterior. Esta alteración de la relación en la que se basa el valor del índice queratométrico estándar (1,3375) conduce a una sobreestimación de la potencia corneal total por parte del queratómetro. Ejemplo: se obtiene una medida de 37 dioptrías cuando el valor real es de 35. Otros factores responsables de este error son: mayor asfericidad central en la córnea, cambio en el índice de refracción del estroma corneal y medición más periférica ya que las miras se proyectan más periféricas en una córnea aplanada (59).

Por tanto, medir la potencia corneal neta no es lo más indicado ya que los valores utilizados por los queratómetros y topógrafos no se cumplen en estos ojos. La razón principal parece ser el cambio en la relación entre los radios de curvatura anterior y posterior de la córnea, que ya no es de 7,5/6,3. Esto invalida los valores de los distintos índices de refracción corneales (índice de refracción estándar=1,3375; SRK/T=1,3333) que permite el cálculo del poder refractivo total de la córnea a partir del radio de curvatura de la superficie anterior de la córnea en ojos no intervenidos (60, 61).

Un problema añadido es que no podemos cuantificar la desviación entre el cambio en la potencia refractiva de la córnea medido y el cambio refractivo para determinar un factor de corrección. Aunque se han propuesto valores medios (14-25% del cambio refractivo), la dispersión es demasiado alta, probablemente como resultado de los cambios en la curvatura corneal posterior (52, 60, 61).

Además, la sorpresa refractiva postoperatoria puede ser explicada por la ineficacia de la fórmula de cálculo cuando utilizamos solamente la Kpost. Las fórmulas biométricas están diseñadas para calcular el poder de la LIO según un valor de queratometría estándar, por lo que si se aplican en estos pacientes, se obtienen errores refractivos tras la cirugía de la catarata.

Las fórmulas de 3ª generación (SRK/T, Hoffer/Q, Haigis, Holladay-II) se basan en la posición de la lente respecto de la córnea (la ELP o posición efectiva de la lente) para aumentar su exactitud. El cálculo de la ELP puede realizarse **midiendo** la profundidad de la cámara anterior (Haigis) o **estimando** la profundidad de cámara anterior (SRK/T, Hoffer-Q). De esta manera, si la queratometría no es exacta, trasladamos este error al cálculo de la ELP.

Cualquier fórmula teórica de 3ª generación realiza dos pasos: primero, utiliza la longitud axial (LA) y la K para calcular la *anterior chamber depth* (ACD). Después, ésta variable, junto con la LA y la K nuevamente, se utilizan para calcular la potencia dióptrica de la LIO.

Si consideramos que en el primer paso se realiza una estimación de la profundidad de la cámara anterior (ACD) y que esta distancia anatómica no cambia después de la cirugía refractiva, parece obvio que utilizar un valor de K menor que el original (el que resulta de la cirugía refractiva) nos proporcionará una infravaloración de la ELP y por tanto de la potencia de la LIO, con la consiguiente sorpresa refractiva postoperatoria (52, 60, 61).

Aramberri propone una modificación en la fórmula SRK/T en la cual la Kpre se utiliza para estimar la ELP y la Kpost para calcular el poder dióptrico de la LIO (fórmula doble-K). Cualquier fórmula de 3ª generación puede corregirse para que utilice la Kpre para el cálculo de ELP y la Kpost para el cálculo de la potencia de la LIO. Utlizamos la Kpre en las 7 primeras ecuaciones y la Kpost en las 3 últimas(50).

Una importante conclusión sería que registrar la Kpre es crítico para el cálculo de la ELP. De hecho, sólo en aquellos pacientes en los que dispongamos de la historia refractiva previa (Kpre y Rpre) podremos estimar la ELP utilizando una fórmula de 3ª generación con la corrección doble-K de Aramberri (50).

FÓRMULA SRK-T CON CORRECCIÓN DOBLE-K

Ecuación 1: Radio de curvatura corneal preoperatorio:
$$Rpre = 337,5/Kpre$$

Ecuación 2: Longitud axial corregida (LAcor):
Si LA < 24,2, LAcor =LA
Si LA > 24,2, LAcor = -3,446 + 1,716 x LA – 0,0237 x LA^2

Ecuación 3: Espesor corneal (cw):
$$cw= -5,41 + 0,58412 \text{ x LAcor} + 0,098 \text{ x Kpre}$$

Ecuación 4: Altura corneal (H):
H= Rpre – Sqrt (($Rpre^2$-(cw2/4)) (srqt: raiz cuadrada)

Ecuación 5: Valor del OFFSET:
$$Offset = ACDconst-3,336$$

Ecuación 6: Posición efectiva de la lente estimada (ACDest):
$$ACDest = H+Offset.$$

Ecuación 7: Constantes:
V=12; n_a = 1,336; n_c =1333 ; n_{cml} = 0,333

Ecuación 8: Grosor retiniano (Rethick) y LA óptica (LAopt):
Rethick = 0,65696 - 0,02029 x LA
LAopt = LA+Rethick

Ecuación 9: Radio de curvatura corneal postoperatorio:
$$R_{post}=337,5/Kpost$$

Ecuación 10: Poder dióptrico de la LIO para lograr emetropía (LIOem):
LIOem=(1000 x n_a x (n x R_{post} -n_{cml} x LA opt))/(LAopt-ACDest) x n_a x R_{post} – $n_c$ml x ACDest))

En resumen: ya que las fórmulas biométricas están diseñadas para calcular el poder de la LIO según un valor de queratometría estándar, si se aplican en estos pacientes sin efectuar las oportunas correcciones, se obtienen errores refractivos tras la cirugía de la catarata. Además, al realizar cirugía refractiva corneal ya no son válidos los valores de la queratometría (49).

Por tanto, el proceso de cálculo de la potencia de la LIO debe modificarse cuando se practica en un ojo sometido a cirugía refractiva corneal. Ya que existen dos fuentes de error (la incorrecta predicción de la ELP por parte de la fórmula y la determinación errónea de la potencia de la córnea por parte de la queratometría) la corrección de estos dos factores permitirá realizar un cálculo correcto en estos ojos (48, 49):

1. Predicción de la ELP (método doble-k): se debe utilizar la K previa a la cirugía corneal en el algoritmo de predicción de la ELP y la Kpost en el cálculo de vergencia como potencia de la primera lente del sistema.

2. Determinación de la potencia corneal tras cirugía refractiva: Tras la cirugía refractiva ablacional la superficie anterior de la córnea se aplana, sin que cambie la cara posterior. Esta relación alterada conduce a una sobrestimación de la potencia corneal por parte de los queratómetros: se hace necesario realizar una corrección de la Kpost.

Se han descrito varios métodos que permiten determinar correctamente la potencia de la córnea, dependiendo de los datos de los que dispongamos (49).

En líneas generales, podemos encontrarnos ante cuatro posibles situaciones (figura):

1. Conocemos la queratometría y refracción preoperatorias (**Kpre y Rpre**) y queratometría y refracción post-operatorias (**Kpost y Rpost**). La Rpost puede ser no ser fiable.

2. No conocemos la Rpre, pero sí el resto de datos (**Kpre, Rpost y Kpost**).

3. Conocemos la **Rpre**, y la refracción y queratometría postoperatorias (**Rpost y Kpost**) pero no sabemos la Kpre.

4. No conocemos ningún dato anterior a la cirugía, sólo disponemos de la **Kpost**.

Kpre será el valor medido antes de la cirugía refractiva corneal, si se dispone de él. En caso contrario puede calcularse sumando las dioptrías corregidas en córnea al valor que definamos como Kpost o utilizar un valor estándar de 43,5 ó 44.

Es conveniente emplear varios métodos de estimación de la Kpost y si los resultados difieren es conveniente utilizar el valor más bajo en ojos miopes y el más alto en ojos hipermétropes, excepto para los métodos de Ferrara y Rosa.

La fórmula que emplearemos para la conversión entre plano de gafa y plano corneal es:

dioptrías-plano corneal = dioptrías-gafa / 1 – (dioptrías-gafa * 0.012).

3.1) LASIK miópico.

El algoritmo de cálculo para las dierentes situaciones sería el siguiente:

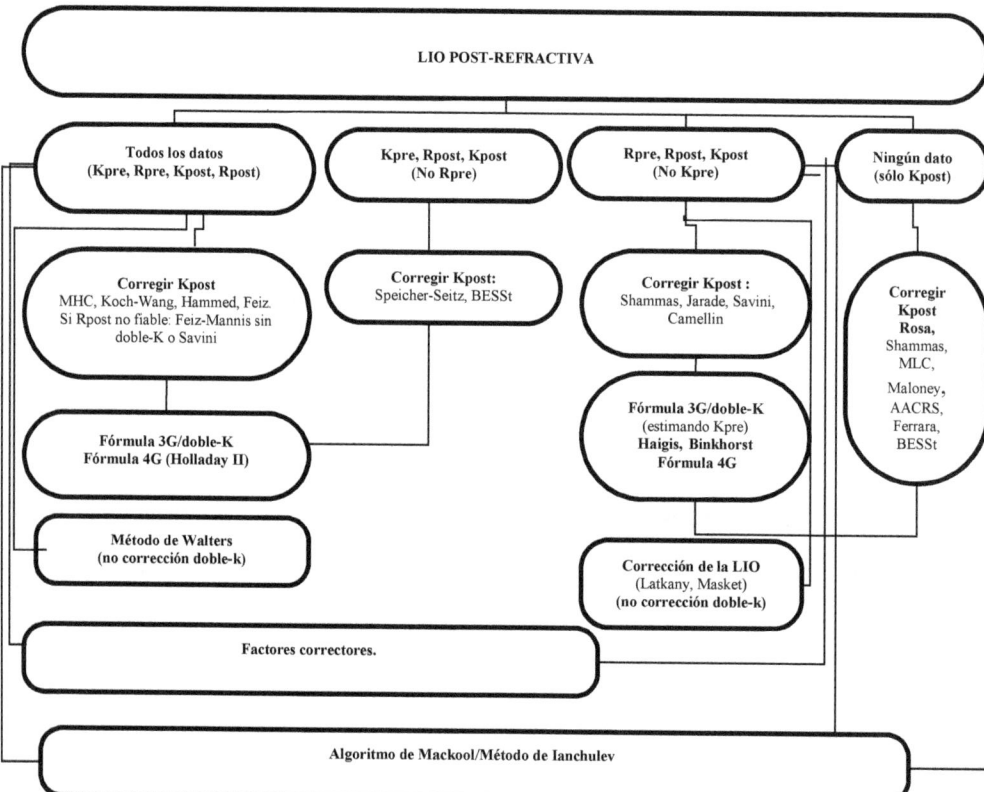

En resumen, tenemos métodos para corregir la potencia de la córnea tras cirugía refractiva o métodos para corregir la LIO calculada (tablas):

Métodos para corregir la Kpost	
Necesitan historia refractiva	No necesitan historia refractiva
MHC	MLC
Método Koch-Wang	Método de Maloney-Koch
Método Speicher-Seitz	Método Savini-Barboni-Zanini
Ajuste de índices refractivos: Savini, Camellin, Jarade	Método de Shammas
	Ajuste de índices refractivos: Ferrara, Rosa, BESSt

Métodos para corregir la LIO	
Necesitan historia refractiva	No necesitan historia refractiva
Doble-K de Aramberri	Doble-K de Aramberri (Kpre=43,5)
Fórmula de Feiz-Mannis	Ianchulev
Métodos de Latkany	Mackool
Método de Masket	
Método de Wake-Forest	

3.1.a) Conocemos todos los datos: Kpre, Kpost, Rpre y Rpost (Rpost fiable)

a) Método de la Historia Clínica (MHC) (51).

$$Kpost\text{-}corregida = Kpre - EEpre + EEpost$$
EEpre: Equivalente esférico pre-operatorio.
EEpost: Equivalente esférico post-operatorio.

Pongamos como ejemplo un paciente con una Kpre=49,25D, una Rpre (EEpre) en plano de gafas de -8 D y una Rpost=-1D.

EEpre (distancia vértex 12 mm): -8 D
Rpre en plano corneal: -8/(1-[0,012 * -8*]) = -7,30 D
EEpost (distancia vértex 12 mm): -1 D
Rpost en plano corneal: -1/(1-[0,012*-1]) = -0,98
Rpost-Rpre= -7,30 – (-0,98): -6,32D
Kpost-corregida= Kpre-corrección= 49,25-6,32=42,93D.

A continuación podemos utilizar la fórmula SRK/T con la corrección doble-K

(Kpre y Kpost-corregida) de Aramberri (51):

b) Modificación de K topoqueratométrica (52).

Kpost-corregida: Kmedia (SimK)-15% dioptrías corregidas.

Ejemplo:
simK=37D,
corrección de 10D,
Kpost-corregida = 37-1,5 = 35,5D.

Introducimos los datos en cualquier fórmula con corrección doble-K.

c) Método de Koch-Wang (53).

Realizamos una topografía corneal y tomamos el valor EffRp (effective

refractive power)

*Kpost-corregida = EffRp + (ΔD * 0,19)*

d) Método de Hammed (54, 55).

Tomamos igualmente el valor EffRp y realizamos la correción:

Kpost-corregida = EffRPadj = EffRp - (ΔD/0,15)

e) Índices topográficos del Orbscan y Pentacam (56).

Los mapas que calculan la potencia paraxial son el *Mean Total Power* en el

Orbscan y el *Net Power* en el Pentacam. Los topógrafos de hendidura escaneada permiten medir las caras anterior y posterior de la córnea, siendo posible obtener directamente la potencia total de la córnea sumando los valores reales de ambas superficies. Por tanto, podremos evitar la asunciones en que se basan los queratómetros y topógrafos de Plácido (K=1,3375). Esta K no es la auténtica potencia paraaxial de la córnea central, ya que el índice de refracción que mejor aproxima dicho valor es de 1,3315. Sin embargo, 1,3375 es el valor que utilizan las fórmulas de vergencia más empleadas. Por tanto, los valores obtenidos con el Orbscan y el Pentacam se convierten mediante la suma de un factor a un equivalente del índice queratométrico estándar   K (1,3375): para el *Pentacam Net Power* sería +0.95 y +1,1 para el Orbscan *Mean Total Power* (MTP).

> Ejemplo: ojo operado de 4D de miopía,
> SimK = 40,7 dioptrías,
> MTP = 38,86.
> Kpost = 38,86+1,1 = 39,86

f) Método de Feiz (56).

> Kpost-corr = Kpost - 0.23 * ΔEEpc.
> *ΔEEpc: Cambio de EE en plano corneal.*

g) Método del by-pass corneal (Walter-Wake-Forest) (57).

Introducimos la Kpre y la longitud axial (AXL) en la fórmula de cálculo con una refracción diana equivalente a la refracción pre-LASIK.

Ejemplo:
Refracción pre-LASIK = -11,75 con Kpre = 43,87 y AXL = 28,54 mm
La refracción diana que introduciremos en la fórmula de cálculo será -11,75.

Con este método no necesitamos la Kpost ni su estimación, no siendo necesaria la corrección doble-K en la fórmula de cálculo

3.1.b) Conocemos todos los datos: Kpre, Kpost, Rpre y Rpost (y Rpost no fiable)

a) Método de Feiz-Mannis (58).

Calculamos la LIO para la emetropía utilizando la Kpre. Se calcula potencia de la LIO como si el paciente no se hubiera sometido a cirugía refractiva y añadimos el cambio inducido por el LASIK en el error refractivo en plano de gafa (ΔD) dividido entre 0,7.

LIOpost = LIOpre - (ΔD/0,7).

En este caso no realizamos la corrección doble-K.

b) Método del índice de refracción de Savini (59).

Kpost-corregida = ((1,338+ 0,0009856 * ΔEEsp) -1) / Kpost (r)/1000)
ΔEEsp: Cambio en equivalente esférico en plano de gafa
Kpost (r): Keratometría en radio de curvatura (mm).

A continuación realizamos la corrección doble-K en la fórmula de cálculo.

3.1.c) Sólo conocemos la Rpost, Kpre y Kpost.

a) Método de Speicher-Seitz (60).

Kpost-corr=1,114*Kcentral preoperatoria–0,114*Kcentral postoperatoria.
Kcentral: Effective refractive power (EffRP) o SimK central en topofrafía.

A continuación realizamos la corrección doble-K en la fórmula de cálculo.

b) Método de Besst (Pentacam) (61).

Basado en las paquimetrías y curvaturas corneales anterior y posterior obtenidas con Pentacam.

KBESSt (Potencia corneal tras cirugía refractiva) =

{ [1/rF * (n.adj – n.air)] + [1/rB * (n.acq – n.adj)] - [d * 1/r * (n.adj – n.air) *

1/rB * (n.acq – n.adj)] } * 1000.

> rF: Radio curvatura anterior (mm)
> rB: Radio curvatura posterior (mm)
> n.air =1
> n.vc = 1.3265
> n.CCT = n.vc + (CCT * 0.000022)
> K.conv = 337.5/rF
> n.adj:
>> si K.conv <37,5 n.adj = n.CCT + 0.017
>> si K.conv <41,44 n.adj = n.CCT
>> si K.conv <45 n.adj = n.CCT - 0.015
> n.acq = 1,336
> d = d.cct /n.vc
> d.cct = CCT /1000000

A continuación realizamos la corrección doble-K en la fórmula de cálculo.

3.1.d) Sólo conocemos la Rpre, Rpost y Kpost.

a) Diferencia de refracción (56).

Nuevamente debemos estimar la Kpost.

Continuando con el ejemplo, si la Rpre = -8D y la Rpost = -1D, la corrección en

el plano corneal será:

Rpost-Rpre= -7,30 – (-0,98): -6,32D

Supongamos que la Kpost = 39,25D. Utilizando la corrección propuesta por

Feiz (62), obtenemos que:

Kpost-corregida=Kpost-0,23 * corrección
Kpost-corregida=39,25-0,23 *6,32
Kpost-corregida=37,79D.

A continuación introducimos los datos en la fórmula de cálculo. Como no disponemos de la Kpre, no podremos realizar la corrección doble-K, por lo que deberíamos utilizar la fórmula de Holladay-II (sólo disponible previo pago como software comercial) o la de Haigis (63) o Binkhorst (que no utilizan los valores K).

b) Utilización de factores correctores.

Es el método más sencillo, pero no exento de error. Podemos utilizar el nomograma de Feiz-Mannis (62), que nos calcula la potencia de la LIO según el cambio producido en EE:

Cambio en EE (plano gafa)	Δ Potencia LIO (D)
1	0.6
1.50	0.66
2	0.96
2.50	1.26
3	1.55
3.50	1.85
4	2.15
4.50	2.45
5	2.74
5.50	3.04
6	3.34
6.50	3.64
7	3.93
7.50	4.23
8	4.53
8.50	4.83
9	5.12
9.50	5.42
10	5.72
10.50	6.02
11	6.31
11.50	6.61
12	6.91

O el nomograma de Koch, que nos calcula dicha potencia según las dioptrías corregidas y la longitud axial (64):

- LIO tras cirugía refractiva miópica: cifra que ha de ser añadida a la potencia calculada utilizando las fórmulas SRK/T, Hoffer/Q y Holladay I:

Longitud axial (mm)												
Dioptrías corregidas	19	20	21	22	23	24	25	26	27	28	29	30
2 SRK/T	0,7	0,7	0,7	0,7	0,7	0,7	0,7	0,6	0,6	0,5	0,4	0,3
Hoffer/Q	0,5	0,4	0,4	0,3	0,3	0,2	0,2	0,2	0,1	0,1	0	0
Holladay I	0,4	0,5	0,5	0,5	0,5	0,5	0,5	0,4	0,4	0,3	0,2	0,1
3	1	1	1	1	1,1	1,1	1	1	0,9	0,8	0,7	0,6
	0,7	0,6	0,5	0,5	0,4	0,3	0,3	0,3	0,2	0,2	0,1	0
	0,7	0,7	0,7	0,7	0,7	0,7	0,8	0,7	0,6	0,4	0,3	0,2
4	1,3	1,3	1,3	1,4	1,4	1,4	1,4	1,3	1,2	1,1	0,9	0,8
	1	0,8	0,7	0,6	0,5	0,5	0,4	0,3	0,3	0,2	0,1	0
	0,9	0,9	0,9	1	1	1	1,1	0,9	0,8	0,6	0,5	0,4
5	1,7	1,7	1,7	1,7	1,7	1,8	1,7	1,6	1,5	1,4	1,2	1,1
	1,2	1	0,9	0,8	0,7	0,6	0,5	0,4	0,4	0,3	0,2	0
	1,1	1,2	1,2	1,2	1,2	1,3	1,3	,12	1,	0,8	0,7	0,5
6	2	2	2	2	2,1	2,1	2,1	2	1,8	1,7	1,5	1,4
	1,4	1,2	1	0,9	0,8	0,7	0,6	0,5	0,5	0,4	0,3	0,1
	1,4	1,4	1,4	1,5	1,5	1,6	1,6	1,5	1,2	1	0,8	0,7
7	2,3	2,3	2,3	2,4	2,4	2,5	2,4	2,3	2,2	2	1,8	1,7
	1,6	1,4	1,2	1,1	0,9	0,8	0,7	0,6	0,6	0,5	0,3	0,1
	1,6	1,6	1,7	1,7	1,8	1,8	1,9	1,7	1,5	1,2	1	0,9
8	2,6	2,6	2,6	2,7	2,7	2,8	2,8	2,6	2,5	2,3	2,2	2
	1,8	1,6	1,4	1,2	1,1	1	0,8	0,7	0,7	0,6	0,4	0,2
	1,8	1,9	1,9	2	2	2,1	2,2	2	1,7	1,5	1,2	1
9	2,9	2,9	2,9	3	3,1	3,2	3,1	3	2,8	2,7	2,5	2,3
	2	1,7	1,5	1,3	1,2	1,1	1	0,8	0,8	0,7	0,5	0,2
	2,1	2,1	2,2	2,2	2,3	2,4	2,5	2,3	2,	17,	1,4	1,2
10	3,1	3,2	3,2	3,3	3,4	3,5	3,4	3,3	3,1	3	2,8	2,6
	2,2	1,9	1,7	1,5	1,3	1,2	1,1	1	0,8	0,7	0,6	0,3
	2,3	2,4	2,4	2,5	2,6	2,7	2,8	2,6	2,2	1,9	1,7	1,4

- LIO tras cirugía refractiva hipermetrópica: cifra que ha de ser restada a la potencia calculada utilizando SRK/T, Hoffer/Q y Holladay I:

Longitud axial (mm)												
Dioptrías corregidas	19	20	21	22	23	24	25	26	27	28	29	30
2 SRK/T	0,7	0,7	0,7	0,7	0,7	0,7	0,7	0,6	0,5	0,4	0,2	0
Hoffer/Q	0,5	0,4	0,4	0,4	0,3	0,2	0,2	0,1	0,1	0,1	0	0
Holladay I	0,4	0,4	0,4	0,4	0,4	0,5	0,5	0,4	0,3	0,2	0	0
3	1,1	1,1	1,1	1,1	1,1	1,1	1	0,9	0,7	0,5	0,2	0
	0,6	0,6	0,6	0,7	0,7	0,7	0,7	0,5	0,3	0,2	-	-
	0,6	0,6	0,6	0,7	0,7	0,7	0,7	0,5	0,3	0,2	-	-
4	1,4	1,4	1,4	1,4	1,4	1,5	1,4	1,2	0,9	-	-	-
	1,1	0,9	0,7	0,6	0,5	0,4	0,3	0,2	0,1	0	0	0
	0,9	0,9	0,9	0,9	0,9	0,9	0,9	0,6	0,4	0,4	-	-
5	1,8	1,8	1,8	1,8	1,8	1,9	1,8	1,7	-	-	-	-
	1,4	1,1	0,9	0,7	0,6	0,4	0,3	0,2	0,1	0	0	0
	1,1	1,1	1	1	1	1	1	0,7	0,3	-	-	-
6	2,2	2,2	2,2	2,2	2,2	2,5	-	-	-	-	-	-
	1,7	1,3	1,1	0,9	0,7	0,5	0,3	0,2	0	0	0	0
	1,1	1,1	1,1	1,1	1,1	1,1	1,1	0,7	0,3	-	-	-

c) Por supuesto, para corregir la Kpost también podemos utilizar los métodos descritos en el apartado anterior, pero al no disponer de la Kpre no podremos realizar la corrección doble-K.

Asumiendo determinados valores podríamos arriesgarnos a calcular una Kpre para poder realizar la corrección doble-K en la fórmula de cálculo. Por ejemplo, paciente que dice haber sido operado hace 10 años de unas 8 dioptrías con PRK, la Kpost es de 37. Asuminos una corrección en gafa de 8D, que se traduce en 7,30 en plano corneal. Calculamos Kpost restando 15% de 7,30 (es decir, 1,09) a 37:

> Kpost = 37-1,09 = 35,91.
> Kpre podemos calcularla sumando 35,91 + 7,30 = 43,21.
> Y en la fórmula introduciremos: Kpre = 43,21 y Kpost = 35,91.

d) Método refractivo de Shammas (65).

> Kpost corregida = 1,14 * Kpost – 6,8

e) Método de Jarade (corrección de índice refractivo) (66).

> Kpost corregida = ((1,3375 + 0,0014 * ΔEEc) – 1) / (Kpost-r/1000).
> ΔEEc: Cambio en equivalente esférico en plano corneal
> Kpost-r: Keratometría en radio de curvatura (mm).

f) Método de Savini (corrección de índice refractivo) (67).

> Kpost corregida = ((1,3338 + 0,0009856 * $\Delta EEsp$) – 1) / (Kpost-r/1000).
> $\Delta EEsp$: Cambio en equivalente esférico en plano de gafa.
> Kpost-r: Keratometría en radio de curvatura (mm).

g) Método de Latkany (método de corrección de la LIO) (68).

> Este método sólo requiere conocer la Rpre, lo cual puede ser útil cuando
>
> disponemos solamente de unas gafas viejas y no sabemos el

procedimiento refractivo utilizado. Utiliza un método de regresión para corregir la potencia calculada de la LIO utilizando la K más plana y la fórmula SRK/T. La potencia de la LIO se corrige con la siguiente fórmula:

— (0.47 * EEpre + 0,85) y se redondea hacia el 0,50 más cercano.

Por ejemplo, si la fórmula SRK/T utilizando la K más plana es +15,21D para un resultado neutro y el EEpre = -5,63D:

- [0,47 * (-5,63) + 0,85] = 1,80
1,80 + 15,21 = 17,01
Redondeando al 0,50 más cercano, +17,00D.
La LIO a implantar sería por tanto de +17,00.

h) Método de Masket (método de corrección de la LIO) (69).

Corrección LIO postLASIK = (– 0,326 * ΔEEc)+ 0,101.

Utilizamos la fórmula Holladay-I para LA>23 mm y la Hoffer-Q para LA<23mm. La SRK/T suele infracorregir.

i) Método de Camellin (corrección de índice refractivo) (70).

Kpost corregida = ((1,3319 + 0,00113 * ΔEEsp) – 1) / (Kpost-r/1000).
ΔEEsp: Cambio en equivalente esférico en plano de gafa.
Kpost-r: Keratometría en radio de curvatura (mm).

3.1.e) *No sabemos ningún dato anterior a la cirugía: sólo Kpost.*

Medimos la K de forma habitual (en el ejemplo Kpost = 39,25). A continuación, corregimos el valor Kpost mediante dos fórmulas de regresión:

a) Método de Rosa (71).

Refracción corregida con método de Rosa (Rrosa):

$Rrosa= R (0.0276 LA+0,3635)$

LA=longitud axial; R=k/337,5

Por tanto, la K postoperatoria estimada [Kpost(Rrosa)]=337,5/Rrosa

Ejemplo: LA = 25,5
R=337,5/39,25 = 8,5987
Rrosa= 8,5987*(0,7038+0,3635) = 9,17
Por tanto, Kpost(Rosa) = 36,80

El método de Rosa utiliza sólo la fórmula SRK (SRK/T si LA<= 29,4 mm ó SRK-II si LA>29,4 mm).

Otra manera de realizar el cálculo es:

Kpost-corr = (1,3375-1)/((Kpost * FCR)/1000).

FCR: Factor corrector de Rosa según longitud axial:

22 - <23: 1,01
23 - <24: 1,05
24 - <25: 1,04
25 - <26: 1,06
26 - <27: 1,09
27 - <28: 1,12
28 - <29: 1,15
>29:   1,22

b) Fórmula de Shammas (66).

$Kpost(Shammas) = 1,14 K- 6,8.$
Kpost(Shammas) = 1,14 * 44,25 - 6,8 = 50,45 -6,8
Kshammas = 43,65D

El método de Shammas sólo utiliza la fórmula de Shammas.

c) Método de la lente de contacto (72).

Realizamos una refracción subjetiva. A continuación colocamos una lente de contacto rígida de PMMA de una curva base (potencia) conocida y se realiza una nueva refracción.

Si la refracción no ha cambiado, la córnea tiene igual potencia que la lente de contacto. Si la refracción es más miópica, la lente de contacto es más curva (más potencia) que la córnea y lo contrario pasará en la hipermetropía. Estimamos la Kpost.

> Rpost = Refracción en gafa postoperatoria = -1D
> Rlc = Corrección con la lente de contacto = +1D.
> Curva base = CB = 40 (en plano corneal = 39,25).
> DR (diferencia de refracción) = Rlc-Rpost = +1-(-1)=+2
> Kpost = CB + DR = 39,25 + 2 = 41,25 D.

d) Método de Maloney-Koch (73).

Necesitamos una topografía y estimamos la Kpost a partir de EffRp

Kpost= (EffRp x 1,114)-6,1

e) Método de la Asociación Americana de cirugía refractiva y cataratas (45).

Este método permite calcular el radio posterior de la córnea en función de las dioptrías corregidas. El objetivo es cuantificar la razón cara anterior/cara posterior antes y después de la cirugía.

El resultado es que esta razón es bastante constante en todo el rango de córneas no operadas (40,55-47,2):1,25 (± 0,3) (media y desviación estándar). Tras la cirugía la razón se hace variable, con un incremento proporcional a las dioptrías corregidas, pudiendo ajustarse una relación lineal:

Razón Ant/Post= 1,257 + 0,032 x dioptrías corregidas en córnea.

Mediante esta fórmula podemos calcular, a partir de un radio de curvatura anterior obtenido por topografía o queratometría, el radio de la cara posterior y a continuación la potencia total de la córnea.

Si la Simk es de 37 D, obtenemos el radio anterior:

n2-n1/dioptrías:

0,3375/37=9,12 mm

Si aplicamos la fórmula razón Ant/Post:

1,257 + 0,032 x 10= 1,58

Obtenemos rpost:

9,12/1,58= 5,77 mm

Si lo convertimos a dioptrías:

1,336-1,376/5,77= -6,93

Calculamos la potencia de la cara anterior:

0,376/9,12=41,23

Sumamos superficies y grosor corneal:

41,23 + 0,1 – 6,93 = 34,4

Esta es la potencia paraxial real de la córnea.

También podríamos estimar la Kpre según lo visto anteriormente, para así intentar realizar la corrección doble-K.

f) Método de Savini-Barboni-Zanini (74).

Kpost-corr= 1,114 * Kcentral – 4,98

Con Kcentral obtenida de la topografía corneal.

g) Método de Ferrara (75).

Kpost-corr = ((-0,0006 * LA^2 + 0,0213 * LA + 1,1572) -1) / (Kpost-r/1000).
LA : Longitud axial.
Kpost-r: Keratometría en radio de curvatura (mm).

i) Método de Bestt (Pentacam).

Ya comentado.

j) Algoritmo de Mackool (implante secundario) (76).

LIOem = 1,75 * EEafaquia + (A – 118,4)
LIOem = LIO para emetropía
EEafaquia: Equivalente esférico en afaquia.
A: Constante A de la lente.

k) Método de Ianchulev (intraoperatorio) (77).

LIOem = 2,02 * EEafaquia + (A – 118,4).

l) Método doble-K de Aramberri con estimación de Kpre.

Utilizamos una K estándar de 43,5 ó 44 para el cálculo de la ELP y la Kpost

para el cálculo de la LIO.

Una medida de control interesante es emplear la fórmula de Haigis, que no

emplea la K como predictora de la ELP, para validar el resultado. En esta

fórmula únicamente introduciremos LA, profundidad de cámara anterior (ACD) y Kpost. Podemos obtener las constantes de la LIO de esta fórmula en la página web de la Universidad de Wuerzburg (81).

Normalmente la LIO calculada será de 18-20 dioptrías si el paciente quedó emétrope tras el LASIK. Debemos desconfiar y volver a calcular si la potencia resultante es < 16 ó >22 dioptrías.

3.1.f) El biómetro no nos deja introducir valores <28D.

Supongamos que tenemos un paciente cuya K = 22. Normalmente el biómetro estándar no nos dejará introducir valores < 28. Para evitar este problema realizamos los siguientes pasos: Introducimos 28 como K en el biómetro. Nos faltan por tanto 6D. Sabiendo que 1 dioptría queratométrica corresponde a 0,8 dioptrías refractivas en el postoperatorio: 6 x 0.8 = 4,8. En la fórmula debemos introducir que nuestra refracción diana será de -5 en lugar de 0 si queremos la emetropía, aunque sería aconsejable que nuestra refracción diana fuera de -6 para evitar sorpresas refractivas.

3.2) LASIK hipermetrópico y PRK.

La estimación de la potencia central en estos ojos es mucho más fácil que en el LASIK miópico, debido a que la ablación se realiza fuera de la córnea central. Un hallazgo interesante del LASIK hipermetrópico es que la relación entre los radios anterior y posterior de la córnea aumenta, de forma similar a lo que ocurre tras la queratotomía radial. Por ello, es factible utilizar un método similar de estimación de la potencia de la córnea central.

La media de las potencias de los anillos de 1, 2 y 3 mm en la vista numérica del topógrafo de Zeiss (figura) es suficientemente adecuada para estimar la potencia de la córnea central, con la siguiente corrección (tabla) (45):

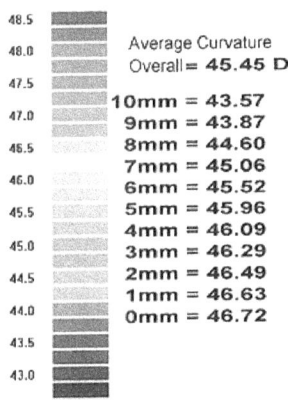

Average Curvature
Overall = **45.45 D**

10mm = 43.57
9mm = 43.87
8mm = 44.60
7mm = 45.06
6mm = 45.52
5mm = 45.96
4mm = 46.09
3mm = 46.29
2mm = 46.49
1mm = 46.63
0mm = 46.72

Diopter

ΔEE (D)	Corrección
0.5	-0.30
1.0	-0.20
1.5	-0.11
2.0	-0.01
2.5	0.08
3.0	0.18
3.5	0.27
4.0	0.37
4.5	0.46
5.0	0.56
5.5	0.65
6.0	0.75

La potencia refractiva efectiva (EffRP) del sistema de análisis corneal *EyeSys* también funciona bien, con la siguiente corrección (45):

ΔEE (D)	Corrección
0.5	-0.20
1.0	-0.12
1.5	-0.04
2.0	0.04
2.5	0.13
3.0	0.21
3.5	0.29
4.0	0.37
4.5	0.45
5.0	0.53
5.5	0.61
6.0	0.69

Además, también requerimos la corrección doble-K para el cálculo de la LIO tras el LASIK hipermetrópico en las fórmulas de 3ª generación o utilizar una fórmula de 4ª generación (Holladay-II).

3.3) Queratotomía radial.

A diferencia de la cirugía refractiva ablacional miópica en la que la relación entre el radio anterior y posterior de la córnea disminuye, en la queratotomía radial esta relación aumenta. El concepto clave en este escenario es que intentamos conocer la potencia de la córnea en su zona central y los queratómetros y la queratometría simulada utilizando un topógrafo corneal estándar sobreestimará esta potencia central, originando una hipermetropía en el postoperatorio.

La media de las potencias de los anillos de 1, 2, 3 y 4 mm en la vista numérica del topógrafo de Zeiss es suficientemente adecuada para estimar la potencia de la córnea central (figura). También se puede utilizar la potencia refractiva efectiva ajustada (EffRPadj) del sistema de análisis corneal *EyeSys* (45):

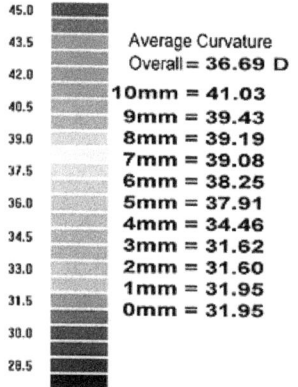

Además es necesario un ajuste de la potencia calculada (corrección doble-K) para prevenir que el artefacto de una córnea central muy plana infraestime la potencia de la LIO.

Por otro lado, es frecuente en los pacientes con queratotomía radial previa la aparición de cantidades variables de hipermetropía transitoria tras la cirugía de cataratas. Esto parece deberse al edema estromal alrededor de las incisiones de queratotomía que origina una mejora temporal del aplanamiento corneal central. Esta hipermetropía transitoria puede alcanzar las 4 dioptrías y se acentúa si se han realizado más de 8 incisiones, si la zona óptica es menor a 2mm o si las incisiones se extienden completamente al limbo.

Esta hipermetropía va resolviéndose en un período que oscila entre 8 y 12 semanas y a veces acaba convirtiéndose en una miopía que puede alcanzar hasta las 5 dioptrías al final de estas 12 semanas.

Si el objetivo refractivo postoperatorio sigue sin alcanzarse tras este período, el recambio de la LIO o un implante piggyback no debe plantearse hasta que hayan pasado unos 2 meses con 2 refracciones estables separadas por un período de 2 semanas (regla del 2).

Además, si pasan más de 6 meses antes de que se requiera la cirugía del ojo adelfo, deberían repetirse las medidas corneales debido al hecho de que es frecuente un aplanamiento corneal en los meses posteriores a la cirugía radial.

Por esta razón, el cálculo de la LIO se fija para una refracción objetivo de -0.75 a -1 dioptrías para dejar el ojo un poco más miope de lo habitual, de forma que a los 5-10 años de la cirugía, el error refractivo tras la cirugía de la catarata no se convierta en una hipermetropía.

4. Implante en sulcus

Si se decide colocar la LIO en sulcus, se hace necesaria una disminución en la potencia: como la óptica se sitúa más cerca de la córnea su potencia efectiva aumenta.

En la siguiente tabla hemos efectuado esta cálculo para un rango de potencias base entre +30 y +5 D. La potencia corneal central se asume que está dentro del rango de normalidad. La ELP en saco se asume que es de 5,20 mm y en el sulcus de 4,70 mm.

Potencia en saco	Potencia en sulcus	Diferencia saco/sulcus	Restar de la potencia del saco
+30.00 D	+28.55 D	-1.45 D	-1.50 D
+29.50 D	+28.09 D	-1.42 D	-1.50 D
+29.00 D	+27.61 D	-1.39 D	-1.50 D
+28.50 D	+27.14 D	-1.36 D	-1.50 D
+28.00 D	+26.67 D	-1.33 D	-1.00 D
+27.50 D	+26.20 D	-1.30 D	-1.00 D
+27.00 D	+25.73 D	-1.27 D	-1.00 D
+26.50 D	+25.26 D	-1.25 D	-1.00 D
+26.00 D	+24.79 D	-1.22 D	-1.00 D
+25.50 D	+24.31 D	-1.19 D	-1.00 D
+25.00 D	+23.84 D	-1.16 D	-1.00 D
+24.50 D	+23.36 D	-1.13 D	-1.00 D
+24.00 D	+22.89 D	-1.11 D	-1.00 D
+23.50 D	+22.42 D	-1.08 D	-1.00 D
+23.00 D	+21.94 D	-1.05 D	-1.00 D
+22.50 D	+21.47 D	-1.03 D	-1.00 D
+22.00 D	+21.00 D	-1.00 D	-1.00 D
+21.50 D	+20.53 D	-0.97 D	-1.00 D
+21.00 D	+20.05 D	-0.95 D	-1.00 D
+20.50 D	+19.58 D	-0.92 D	-1.00 D
+20.00 D	+19.11 D	-0.89 D	-1.00 D
+19.50 D	+18.63 D	-0.87 D	-1.00 D
+19.00 D	+18.16 D	-0.84 D	-1.00 D
+18.50 D	+17.69 D	-0.82 D	-1.00 D
+18.00 D	+17.21 D	-0.79 D	-1.00 D
+17.50 D	+16.73 D	-0.77 D	-1.00 D

+17.00 D	+16.26 D	-0.74 D	-0.50 D
+16.50 D	+15.78 D	-0.72 D	-0.50 D
+16.00 D	+15.31 D	-0.69 D	-0.50 D
+15.50 D	+14.83 D	-0.67 D	-0.50 D
+15.00 D	+14.35 D	-0.64 D	-0.50 D
+14.50 D	+13.88 D	-0.62 D	-0.50 D
+14.00 D	+13.40 D	-0.60 D	-0.50 D
+13.50 D	+12.93 D	-0.57 D	-0.50 D
+13.00 D	+12.45 D	-0.55 D	-0.50 D
+12.50 D	+11.97 D	-0.53 D	-0.50 D
+12.00 D	+11.49 D	-0.50 D	-0.50 D
+11.50 D	+11.02 D	-0.48 D	-0.50 D
+11.00 D	+10.54 D	-0.46 D	-0.50 D
+10.50 D	+10.07 D	-0.43 D	-0.50 D
+10.00 D	+9.58 D	-0.41 D	-0.50 D
+9.50 D	+9.11 D	-0.39 D	-0.50 D
+9.00 D	+8.63 D	-0.37 D	Sin cambio
+8.50 D	+8.16 D	-0.35 D	Sin cambio
+8.00 D	+7.68 D	-0.32 D	Sin cambio
+7.50 D	+7.20 D	-0.30 D	Sin cambio
+7.00 D	+6.72 D	-0.28 D	Sin cambio
+6.50 D	+6.24 D	-0.26 D	Sin cambio
+6.00 D	+5.76 D	-0.24 D	Sin cambio
+5.50 D	+5.28 D	-0.22 D	Sin cambio
+5.00 D	+4.81 D	-0.20 D	Sin cambio

5. LIO para un trasplante de córnea.

No hay ningún método para medir adecuadamente la potencia de la LIO antes de un trasplante de córnea combinado con extracción de catarata e implante de LIO. Esto se debe a que es imposible conocer la potencia central del botón donante previamente a la cirugía. Es mejor realizar la cirugía combinada pero sin implante de LIO. El implante será realizado de manera secundaria. Después de 4-8 meses, cuando la curvatura corneal se ha estabilizado y el astigmatismo corneal ha sido disminuido al máximo se realiza una refracción y una queratometría simulada para obtener la potencia corneal central. La potencia de la LIO se calcula mediante la fórmula de la vergencia refractiva.

6. Implante piggy-back.

Nos referimos con este concepto a la colocación de dos LIOs de materiales diferentes en dos localizaciones distintas. Si la potencia calculada excede la disponible necesitaremos colocar dos LIOs en la misma intervención. Ópticamente sería una LIO especial que consta de dos elementos rotacionalmente simétricos.

En 1993, Gayton fue el primero en describir el implante de dos LIOs en el globo ocular, para proporcionar la potencia adecuada en un caso de microftalmos (78).

En casos en que la potencia de la LIO sea mayor a 40D, se requerirán dos implantes para conseguir la emetropía. Esto es así porque la calidad óptica es mejor en presencia de dos implantes alineados comparado con uno solo, cuando las potencias son mayores de 40 dioptrías. Por tanto, el piggy-back se ha convertido en el método preferido de corrección para hipermetropía extrema y cataratas, además de permitir otro método para la corrección de la pesudofaquia con sobre/infracorrecciones inaceptables. El primer caso se conoce como implante piggy-back primario y el segundo como implante piggy-back secundario (78).

6.1) Implante piggy-back primario.

En cuanto al cálculo del poder de la LIO en hipermetropía alta o en casos de implante en piggy-back, no deben utilizarse fórmulas empíricas (SRK-II) ni la SRK-T.

Las fórmulas que han dado mejores resultados son de Holladay-II comparada con la Binkhorst-II o la de Hoffer-Collenbrander. Estas dos últimas sobrecorrigen en un 3-5% la potencia calculada de la LIO, cuando el cálculo sale por encima de las 30 D. Cuando indicamos un piggy-back primario, el cálculo de la LIO se realiza en 6 pasos. A pesar de todos estos cálculos no son raros los errores refractivos (41).

Paso 1: Medida de la AXL lo más exacta posible.
Incluso un pequeño error en la AXL puede originar un error refractivo postoperatorio significativo.

Paso 2: Cálculo de la LIO que se necesita en el plano del saco capsular.

En el caso de la hipermetropía extrema es recomendable la fórmula Holladay-II. La Hoffer-Q o la Haigis (optimizada para las 3 constantes) también son adecuadas. Otras formulas teóricas de 3ª generación (SRK-T y Holladay-I) arrojan una potencia dióptrica menor que la que se necesita y originan hipermetropía postoperatoria. Ello se debe a que las fórmulas basadas en 2 variables estiman la ELP basándose solamente en la potencia refractiva corneal central y en la AXL.

Para comenzar, debemos calcular la potencia total en el saco capsular. Se debería operar primero el ojo no dominante con una refracción deseable de -0,75 D. En la cirugía del ojo dominante podemos afinar, utilizando el ojo no dominante como guía.

	OD	OS
Potencia total requerida en saco	+47 D	+ 46 D
Refracción deseada	-0,75 D	-0,25 D

Paso 3: Calcular la potencia residual.		
	OD	OS
Potencia total requerida en saco	+47 D	+ 46 D
Potencia máxima disponible en saco	-30 D	- 30 D
Potencia restante requerida (saco)	+17	+16

Se requiere una potencia adicional de +17.00 D en saco capsular para OD y de + 16 para OS.

Paso 4: Ajustar la potencia para la LIO a colocar en sulcus.

Debido a su posición más anterior, una LIO en sulcus tiene mayor potencia que en el saco. Por ello, debemos ajustar la potencia calculada.

La reducción de potencia que se necesita se calcula mediante la formula de vergencia refractiva.

Potencia residual en saco	Ajuste en sulcus
+30 a +25,50 D	Restar -1,50 D
+25 a +15,50 D	Restar -1,00 D
+15 a + 8,50 D	Restar -0,50 D
+8 a +1	No cambio

Paso 5: Calcular la potencia de la LIO anterior		
	OD	OS
Potencia restante en saco	+17 D	+16 D
Ajuste potencia en sulcus	-1 D	-1 D
Potencia restante requerida sulcus	+ 16 D	+ 15 D

Paso 6: Seleccionar el par de LIOs adecuado.

Es recomendable utilizar LIOs de distintos materiales para disminuir el riesgo de dispersión pigmentaria, defectos de transiluminación, uveítis intermitente, glaucoma u opacificaciones interlenticulares.

LIO a implantar	OD	OS
Saco	+30 D	+30 D
Sulcus	+16 D	+15 D

6.2) Implante piggy-back secundario.

El implante en piggy-back secundario se utiliza para corregir los errores refractivos en pseudofáquicos. También se benefician de este abordaje los pacientes pseudofáquicos que posteriormente se someten a una queratoplastia penetrante y quedan con un error refractivo alto.

La potencia calculada para un implante piggy-back secundario se basa en la refracción. Para una hipermetropía moderada a alta se coloca una LIO positiva. Para una miopía alta colocamos una LIO negativa. El cálculo de la potencia de la LIO para errores hipermetrópicos se obtiene multiplicando el equivalente esférico por 1,5; y el error miópico multiplicando por 1,3. Por ejemplo, si el resultado del paciente es de +3,5 -0,5 x 180, el equivalente esférico será +3,25, de donde +3,25 x 1,5 = 4,87 y la LIO que se utilizará será de +5D (41).

El uso de la fórmula de vergencia refractiva.

Cuando tanto el paciente como el oftalmólogo están descontentos con los resultado de la cirugía, una solución sería colocar un implante en piggyback (LIO original el saco y LIO secundaria en sulcus). Según Holladay, el recambio de la LIO original puede ser peligroso porque puede romper la cápsula u originar una ruptura de la zónula; es más fácil el piggybak que el recambio y el verdadero origen del error refractivo es, frecuentemente, desconocido.

En 1997, Holladay describió el método para calcular la potencia de la LIO en la pseudofaquia y afaquia independientemente de la longitud axial (48). Cuando surgen desviaciones refractivas significativas, la fórmula de vergencia refractiva es muy útil para comprender la cantidad de potencia óptica que debe ser añadida o sustraída en un ojo a nivel de cámara anterior, sulcus o saco. La potencia de la LIO que se debe implantar se determina de la siguiente manera:

$$IOL_e = \frac{1336}{\frac{1336}{\frac{1000}{\frac{1000}{PreRx}-V}+K_o}-ELP_o} - \frac{1336}{\frac{1336}{\frac{1000}{\frac{1000}{DPostRx}-V}+K_o}-ELP_o}$$

ELP = Posición efectiva de la lente.

Ko = Potencia corneal neta.

IOL e = Potencia de la LIO para emetropía.

V = Distancia al vértex.

PreRx = Refracción preoperatoria.

DPostRx = Refracción postoperatoria deseada.

La ELP es la distancia desde el plano principal secundario de la córnea al plano principal de la LIO. La potencia queratométrica de la córnea (Kk) se puede convertir a potencia óptica neta de la córnea (Ko) de la siguiente manera: Ko = Kk * 0,98765431

Supongamos que en vez de colocar una LIO de +15 colocamos por error una LIO de +18 (en saco capsular, ELP = 5,55 mm). El paciente ha quedado más miope de lo que esperábamos (-3.25 D). Con la queratometría postoperatoria de 44.25/44.75 x 090, la fórmula de vergencia refractiva arroja una LIO de -4 D en sulcus (ELP = 4,80), para lograr una refracción de -0,25 D.

Esta formula también funciona en el ojo afáquico. Si un paciente afáquico tiene una refracción de +12,50 D (distancia al vértex de 10 mm) y una queratometría de 45.00/45.00 x 090, deberíamos colocar una LIO de CA de +19.50 D (ELP = 3.50 mm) para lograr una refracción postoperaoria de -0,25 D.

7. Recambio de LIO

Si finalmente necesitamos realizar un recambio de la LIO previamente implantada, podemos utilizar el nomograma mostrado en la tabla. La LIO puede calcularse fácilmente en función de la refracción postoperatoria. Por ejemplo, si la refracción postoperatoria es +4D tras un implante de 20D, la potencia ajustada para el recambio de la LIO sería: 20+5,19=25,19D. Si la refracción postoperatoria es -4D, la potencia será: 20-4,16=15,84D (79).

EEpre (D)*	Hipermetropía residual: Aumentar potencia de la LIO (D)	Miopía residual: Disminuir potencia de la LIO (D)
1	0,21	0,68
1,50	1,04	1,26
2	1,87	1,84
2,50	2,70	2,42
3	3,53	3,00
3,50	4,36	3,58
4	5,19	4,16
4,50	6,02	4,74
5	6,85	5,32
5,50	7,68	5,90
6	8,51	6,48
D=Dioptrías; EEpre: Equivalente esférico preoperatorio		
* Valores absolutos de EE		

8. Cálculo biométrico en niños

La corrección de la afaquia en niños es un tema bastante controvertido, pues los diversos autores muestran opiniones diversas para conseguir una buena rehabilitación visual y evitar la ambliopía (80, 81). En caso de que la afaquia sea bilateral, el problema se minimiza, pues el error de cálculo es similar en los dos ojos, y se pueden utilizar gafas correctoras (aunque son unas gafas pesadas y de difícil centrado) o lentes de contacto (pueden provocar lesiones corneales) (82).

El globo ocular en el niño sufre unos cambios refractivos rápidos (puede llegar a variar 10 D en el primer año de vida), por lo que el implante de la LIO se realizaba, hasta 1978, de forma secundaria. El problema es que un ojo afáquico unilateral puede producir una ambliopía severa, por lo que se recomienda implantar una LIO (53, 54, 55) a pesar de la respuesta inflamatoria que produce (83, 84, 85).

Existen tres opciones al implantar una LIO en un niño: conseguir la emetropía en el momento que se implanta, conseguir la emetropía cuando sea un adulto o implantar una LIO estándar. Holladay (3) recomienda implantar una LIO que consiga la emetropía independientemente de la edad, pues prefiere un niño que sea miope de adulto a un niño hipermétrope que sea un adulto emétrope pero amblíope.

También existe controversia sobre el efecto de la cirugía sobre la ALX, pues hay autores que afirman que la cirugía elonga el globo ocular (57, 58), otros que existe un acortamiento y también los hay que concluyen que no varía (86, 87, 88, 89).

La mayoría publican que tras la intervención se produce un aumento de la miopía (90, 91, 92, 93). Como consecuencia de esta diversidad de opiniones, tampoco existe un consenso sobre qué fórmula biométrica utilizar. La ALX y la Km son difíciles de medir en niños pequeños por falta de colaboración, por lo que pueden producirse grandes errores. Para algunos autores no hay diferencias entre SRK, SRKT, Holladay y Hoffer Q (94, 95), otros obtienen los mejores resultados con la SRK (96, 97) o la SRK II (98). Hoffer propone usar la fórmula Hoffer-Q en ojos pediátricos, pues afirma que es la más precisa en ojos con longitud axial menor de 22 mm. Por toda esta diversidad de opiniones, Tromans (99) concluye que es preciso diseñar una fórmula específica para casos pediátricos.

CONCLUSIÓN

CONCLUSIÓN.

Es fundamental el cálculo correcto del poder dióptrico de la LIO en la cirugía de la catarata. Para ello se disponen de fórmulas cada vez más precisas, que exigen una medición exacta de los distintos parámetros, pues pequeños errores pueden provocar importantes errores en la refracción postoperatoria.

Con la cirugía refractiva podemos solucionar algunos de estos problemas, pero también ha provocado un aumento de las expectativas del paciente, que cada vez es más exigente a la hora de conseguir una buena agudeza visual sin corrección.

Por todo ello, es importante conocer y saber interpretar los distintos métodos de medición y fórmulas biométricas necesarios para poder conseguir nuestro objetivo tras la intervención de cataratas: devolver la visión dependiendo lo menos posible de una corrección con gafas.

BIBLIOGRAFÍA

BIBLIOGRAFÍA

1. Olsen T. Sources of error in intraocular lens power calculations. *J Cataract Refract Surg* 1992; 18:125-9.

2. Holladay JT, Prager TC. Accurate ultrasonic biometry in pseudofakia. *Am J Ophthalmol* 1989; 107:189-90.

3. Holladay JT. *Biometría con ecografía modo A y cálculo de la potencia refractiva de LIO.* Focal Points (ed. Highlights of Ophthalmology Int) 1997;1(5):13-8. (Edición en español).

4. Hoffer KJ. *Biometría con ecografía modo A y cálculo de la potencia refractiva de LIO.* Focal Points (ed. Highlights of Ophthalmology Int) 1997;1(5):13-8(Edición en español).

5. Schelenz J, Kammann J. Comparison of contact and immersion techniques for axial length measurement and implant power calculations. *J Cataract Refract Surg* 1989;15(4):425-8.

6. Hoffmann PC, Hutz WW, Eckhardt HB, Heuring AH. Intraocular lens calculation and ultrasound biometry: immersion and contact procedures. *Klin Monatsbl Augenheilkd* 1998;213(3):161-5.

7. Rajan MS, Keilhorn I, Bell JA. Partial coherence laser interferometry vs conventional ultrasound biometry in intraocular lens power calculations. *Eye* 2002;16(5):552-6.

8. Drexler W, Findl O, Menapace R, Rainer G, Vass C, Hitzenberger CK, Fercher AF. Partial coherente interferometry: a novel approach to biometry in cataract surgery. *Am J Ophthalmol* 1998; 126(4):524-34.

9. Sanders DR, Retzlaff JA, Kraff MC. *Biometría con ecografía modo A y cálculo de la potencia refractiva de LIO.* Focal Points (ed. Highlights of Ophthalmology Int) 1997; 1(5):3-12. (Edición en español).

10. Axial eye length meauserments (A-scan biometry) in Byrne SF, Green RL. *Ultrasound ot the eye and orbit.* St Louis, Mosby, Second Edition, 2002.

11. Orts P, Devesa P, Tañá P. Interferometría de coherencia parcial: estudio comparativo entre la interferometría de coherencia parcial y la biometría ultrasónica para el cálculo de la LIO. *Microcirugía ocular* 2001; 1.

12. Heatley CJ, Whitefield LA, Hugkulstone CE. Effect of pupil dilation on the accuracy of the IOLMaster. *JCataract Refract Surg* 2002; 28(11):1993-6.

13. Haigis W, Lege B, Miller N, Schneider B. Comparison of immersion ultrasound biometry and partial coherence interferometry for intraocular lens calculation according to Haigis. *Graefes Arch Clin Exp Ophthalmol* 2000; 238(9):765-73.

14. Packer M, Fine IH, Hoffman RS, Coffman PG, Brown LK. Immersion A-scan compared with partial coherence interferometry: outcomes analysis. *J Cataract Refract Surg* 2002;28(2):239-42.

15. Rose LT, Moshegov CN. Comparison of the Zeiss IOLMaster and applanation A-scan ultrasound: biometry for intraocular lens calculation. *Clin Experiment Ophthalmol* 2003; 31(2):121-4.

16. Kiss B, Findl O, Menapace R, Wirtitsch M, Drexler W, Hitzenberger CK, Fercher AF. Biometry of cataractous eyes using partial coherence interferometry: clinical feasibility study of a commercial prototipe I. *J Cataract Refract Surg* 2002; 28: 224-9.

17. Pascual J. Fórmulas para el cálculo del poder dióptrico. In: Pascual J, Marco P, Maldonado MJ, Harto MA, Marí J. *Cálculo del poder dióptrico en lentes intraoculares: revisión actualizada*. Barcelona: Edika med. 1998.

18. Pontuchova E, Cernak A, Potocky M, Cuvala J. Calculation of the assumed postoperative anterior chamber depth as an important factor in the calculation of optic power of the intraocular lens. *Cesk Slov Oftalmol* 1996;52(4):215-9.

19. Martínez P, Grau M, Fontela JR, Pita D. Biometría y cálculo del poder dióptrico de las lentes intraoculares. *Annals Oftalmol* 1998;8(2):22-9.

20. Mendicute J, Aramberri J. Ojo corto. In: Mendicute J, Aramberri J, Cadarso L, Ruiz M. *Biometría, fórmulas y manejo de la sorpresa refractiva en la cirugía de catarata*. Madrid: Tecnimedia Editorial, 2000. Registry 2001. *J Cataract Refract Surg* 2001; 27:143-146

21. Sanders DR, Retzlaff JA, Kraff MC. Comparison of the SRK II formula and other second generation formulas. *J Cataract Refract Surg* 1988; 14(2):136-41.

22. Sanders DR, Retzlaff JA, Kraff MC, Gimbel HV, Raanan MG. Comparison of the SRK/T formula and other theoretical and regression formulas. *J Cataract Refract Surg* 1990; 16(3):341-6.

23. Holladay JT, Prager TC, Chandler TY, Musgrove KH, Lewis JW, Ruiz RS. A three-part system for refining intraocular lens power calculations. *J Cataract Refract Surg* 1988; 14(1):17-24.

24. Hoffer KJ. The Hoffer Q formula: a comparison of theoretic and regression formulas. *J Cataract RefractSurg* 1993; 19:700-12.

25. Olsen Y, Corydon L, Gimbel. Intraocular lens power calculation with an improved anterior chamber depth prediction algorithm. *J Cataract Refract Surg* 1995;21:313-19.

26. Haigis W. IOL calculation according to Haigis. 1997. Disponible en: http://www.augenklinik.uni-wuerzburg.de/uslab/ioltxt/haie.htm.

27. Holladay JT. Standardizing constants for ultrasonic biometry, keratometry, and intraocular lens power calculations. *J Cataract Refract Surg* 1997;23(9): 1356-70.

28. Retzlaff J. A new intraocular lens calculation formula. *Am Intraocular Implant Soc J* 1980; 6: 51-55.

29. Holladay JT, Praeger TC, Chandler TY et al. A three-part system for refining intraocular lens power calculations. *J Cataract Refract Surg* 1988; 14: 17-24.

30. Norrby S. Using the haptic plane concept and thick-lens ray tracing to calculate intraocular lens power. *J Cataract Refract Surg* 2004; 30: 1000-1005.

31. Preussner PR, Wahl J, Weitzel D. Topography based intraocular lens power selection. *J Cataract Refract Surg* 2005; 31: 525-533.

32. Olsen T, Oleson H, Thim K. Prediction of postoperative intraocular lens chamber depth. *J Cataract Refract Surg* 1990; 16: 587-590.

33. Hill W, Frazier S. Complex axial length measurements and unusual IOL power calculations. *Focal points* 2004; 22(9): 1-18.

34. Drews RC. Results in patients with high and low power intraocular lenses. *J Cataract Refract Surg* 1986;12:154-7.

35. Hoffer KJ. Clinical results using the Holladay 2 intraocular lens power formula. *J Cataract Refract Surg* 2000;26(8):1233-7.

36. Fenzl RE, Gills JP, Cherchio M. Refractive and visual outcome of hyperopic cataract cases operated on befote and after implementation of the Holladay II formula *Ophthalmology* 1998; 105:1759-64.

37. Gayton JL, Sanders VN. Implanting two posterior chamber intraocular lenses in a case of microphthalmos. *J Cataract Refract Surg* 1993; 19:776-7.

38. Berges O, Puech M, Assouline M, Letenneur L, Gastellu-Etchegorry M. B-mode-guided vector-A-mode versus Amode biometry to determine axial length and intraocular lens power. *J Cataract Refract Surg* 1998;24(4):529- 35.

39. Preussner PR, Wahl J, Lahdo H et al. Ray tracing for intraocular lens calculation. *J Cataract Refract Surg* 2002; 28: 1412-1419.

40. Y. Iribarne, J. Ortega Usobiaga, S. Sedó, M. Fossas, P. Martínez Lehmann, C. Vendrell. *Annals d'Oftalmologia* 2003;11(3):152-165.

41. Aramberri J, Mendicute, Ruiz M, Ostolaza JI. Facoemulsificación con doble implante (piggyback) en el ojo corto. *Microcirugía ocular* 1998; 6:55-60.

42. Ortega-Usobiaga J, Baviera-Sabater J, Ruiz-Rizaldos AI. Dioptric power change: from spectacles to capsular bag. XX Congress of the European Society of Cataract and Refractive Surgeons (Niza - Francia, 7-11/IX/02).

43. Holladay JT: Standardizing constants for ultrasonic biometry, keratometry and intraocular lens power calculations. *J Cataract Refract Surg* 1997; 23:1356-1370.

44. Zaldívar R, Schultz MC, Davidorf JM, Holladay JT. Intraocular lens power calculations in patients with extreme myopia. *J Cataract Refract Surg* 2000;26(5): 668-74.

45. Mesa JC, Martí T, Arruga J. Cálculo del poder dióptrico de la lente intraocular (LIO) tras cirugía refractiva. *Arch Soc Esp Oftalmol* 2005; 80: 699-704.

46 Koch DD; Wang L. Calculating IOL power in eyes that have had refractive surgery. *J Cataract Refract Surg 2003*; 29: 2039-42.

47. Holladay JT. Advanced IOL power calculations. No publicada, presentada en ASCRS, San Francisco 2006.

48. Hill WE. IOL power calculations after keratorefractive surgery. Supplement to cataract and refractive surgery today 2008; 1-3.

49. Speicher L. Intra-ocular lens calculation status after corneal refractive surgery. *Curr Opin Ophthalmol* 2001;12:17-29.

50. Aramberri J. Intraocular lens power calculation after corneal refractive surgery: double-K method. *J Cataract Refract Surg* 2003; 29:2063-2068.

51. Seitz B, Langenbucher A. Intraocular lens calculation status after corneal refractive surgery. *Curr Opin Ophthalmol* 2000; 11:35-46.

52. Gimbel H, Sun R, Kaye GB. Refractive error in cataract surgery after previous refractive surgery. *J Cataract Refract Surg* 2000; 26:142-144.

53. Gimbel H, Sun R, Furlong MT. Accuracy and predictability of intraocular lens power calculation after laser in situ keratomielusis. *J Cataract Refract Surg* 2001; 27:571-576.

54. Koch D, Wang L. Calculating IOL power in eyes that have had refractive surgery. (Carta). *J Cataract Refract Surgery* 2003; 29 2039-42.

55. Hamed A, Wang L, Misra M, Koch C. A comparative analyisis of five methods of determining corneal refractive power in eyes that have undergone myopic laser in situ keratomileusis. *Ophthalmology* 2002; 109: 651-8

56. Aramberri J: Cálculo de la lente intraocular reas cirugía refractiva corneal. En: Alió J, Rodríguez-Prats J. Buscando la excelencia en la cirugía de la catarata. Barcelona: Editorial Glosa; 2006; 179:191.

57. Walter K, Gagnon M, Hoopes P, Dickinson P. Accurate intraocular lens power calculation after myopic laser in situ keratomieliusis, bypassing corneal power. *J Cataract Refract Surgery* 2006; 32: 425-9.

58. Feiz V, Mannis M, Garcia-Ferrer F, Kandavel G, Darlington J, Kim E. Intraocular lens power calculation after laser in situ keratomieleusis for myopia and hyperopia: a standardized approach. *Cornea* 2001; 20:792-97.

59. Savini G. *Cataract Refractive Surgery* Today 2008; 1-2.

60. Speicher C, Seitz J. Cataract surgery in patients with prior refractive surgery. Current opinion Ophthalmol 2003 ; 14 (1): 44-53

61. Borasio E, Stevens J, Smith G. Estimation of true corneal power after keratorefractive surgery in eyes requiring cataract surgery: BESSt formula. *J Cataract Refract Surgery* 2006 ; 32 : 2004-14.

62. Feiz V. Moshirfar M, Mannis M, Reilly C, Garcia-Ferrer F. Nomogram-based intraocular lens power adjustment after myopic photokeratectomy and Lasik. *Ophtahlmology* 2005; 112 1381-7.

63. Haigis W. IOL calculation according to Haigis. Disponible en: http://www.augenklinik.uni-wuerzburg.de/uslab/ioltxt/haie.htm.

64. Wang L, Booth M, Koch D. Comparison of intraocular lens power calculation methods in eyes that have undergone LASIK. *Ophthalmology* 2004; 111:1825-31.

65. Shammas H, Shamas M, Garabet A, Kim J, Shammas A, LaBree L. Correcting the corneal power measurements for intraocular lens power calculations after myopic laser in situ keratomileusis. *Am J Ophthalmol* 2003; 136: 426-432.

66 Jarade EF, Abinader FC, Tabbara KF. Intraocular lens power calculation following LASIK. *Invest ophthalmol vis sci* 2002; 43: 41-43.

67. Hill WE. IOL power calculations following keratorefractive surgery. Presentado en Cornea DAY del Annual Meeting of the American Society of cataract and refractive surgery, San Francisco, California, 17 marzo 2006.

68. Latkany R, Chokshi A, Speader M, Abramson I, Solowitz B. Intraocular lens calculations after refractive surgery. *J Cataract Refract Surgery* 2005; 31:562-70.

69 Masket S, Masket SE. Simple regression formula for intraocular lens power adjustement in eyes requiring cataract surgery asfter excimer laser photoablation. *J Cataract Refract Surgery* 2006; 32:430-34.

70 Camellin. IOL power calculation after corneal refractive surgery. *J Cataract Refract Surgery* 2006; 22:187-99.

71. Rosa N, Capaso L, Romano A. A new method of calculating intraocular lens power alter photorefractive keratectomy. *J Cataract refract Surg* 2002; 18:720-724.

72. Haigis W. Corneal power alter refractive surgery for myopa: contact lens method. *J Cataract Refract Surgery* 2003; 29: 1397-1411.

73. Maloney koch. Am J Ophthalmol 1989. 108; 676-82

74. Savini G, Barboni G, Zanini M. IOL power calculation after myopic refractive surgery: theoretical comparison of different methods. *J Cataract Refract Surgery* 2006; 113:1271-82.

75. Ferrara G, Cennamo G, Marotta G. New formula to calculate IOL power. *J Cataract Refract Surgery* 2004; 20:465-71.

76. Mackool RJ, Wilson K, Mackool R.Intraocular lens power calculation aftrer laser in situ keratomieleusis: apahakik refraction technique. *J Cataract Refract Surgery* 2006; 32:435-37.

77. Ianchulev T, Salz J, Hoffer K, Albini T, Hsu H, Labree L. Intraoperatory optical biometry for intraocular lens power estimation without axial length and keratometry measurements. *J Cataract Refract Surgery* 2005; 31:1530-36.

78. Holladay JR. Achieving emmetropia in extremely short eyes with two piggyback posterior chamber intraocular lenses. *Ophthalmology* 1996; 103: 1118-1123.

79. Jin W, Crandall A, Jones J. Intraocular lens exchange due to incorrect lens power. *Ophthalmology* 2007;114:417-424.

80. Markan RH, Bloom PA, Chandna A, Newcomb EH. Results of intraocular lens implantation in pediatric aphakia. *Eye* 1992; 6:493-8.

81. Wilson ME, Peterseim MW, Englert JA, Lall-Trail JK, Elliott LA. Pseudophakia and polypseudophakia in the first year of life. *J AAPOS* 201; 5:238-45.

82. Metz H. Keeping glasses on an infant. *J Pediatr Ophthalmol* 1972;9:250-2.

83. Serra I, Salinas E, Harto M. Actitud terapéutica frente a las cataratas congénitas. *Microcirugía ocular* 1996; 4:11-5.

84. Menezo JL, Taboada J, Pérez-Torregrosa V. IOL implantation in children: 17 years´experience. *Eur J Implant Ref Surg* 1994;6:251-6.

85. Harto MA, Serra I, Menezo JL. Tratamiento quirúrgico de las cataratas congénitas. Estudio retrospectivo. *Arch Soc Esp Oftalmol* 1997; 72:623-8.

86. Baker JD, Hiles DA, Morgan KS. Visual rehabilitation of aphakic children. *Surv Ophthalmol* 1990; 34:366-84.

87. Yorston D, Wood M, Foster A. Results of cataract surgery in young children in east Africa. *Br J Ophthalmol* 2001; 85(3):267-71.

88. van Balen AT, Koole FD. Lens implantation in children. *Ophthalmic Pediatric Genet* 1988;9:121.

89. Rasooly R, Benezra D. Congenital and traumatic cataract. The effect on ocular axial length. *Arch Ophthalmol* 1988; 106:1066-9.

90. von Noorden GK, Lewis RA. Ocular axial length in unilateral congenital cataract and blefaroptosis. *Invest Ophthalmol Vis Sci* 1987;28:750.

91. Wilson JR, Fernández A, Chandler CV. Abnormal development of the axial length of aphakic Money eyes. *Invest Ophthalmol Vis Sci* 1987.

92. Hutchinson AK, Wilson E, Saunder RA. Implantation of intraocular lenses in the first two years of the life. Presentado en el meeting de la AAPO, 1996.

93. Peterseim MW, Enyedi MD, Freedman SF, Buckley EG. Refractive changes following pediatric IOL implantation. Presentado en el meeting de la AAPO, 1996.

94. Huber C. Increasing myopia in children with intraocular lens (IOL): and experiment inform deprivation myopia? *Eur J Implant Refract Surg* 1993;5:154-8.

95. MacClatchey SK, Park MM. Miopic shift after cataract removal in childhood. *J Ped Ophthalmol Strabismus* 1997;35:

96. Andreo LK, Wilson ME, Saunders RA. Predictive value of regression and theoretical IOL formulas in pediatric intraocular lens implantation. *J Pediatr Ophthalmol Strabismus* 1997;34(4):240-3.

97. Kora Y, Kinohira Y, Inatomi M, Sekiya Y, Yamamoto M, Majima Y. Intraocular lens power calculation and refractive change in pediatric cases. *Nippon Ganka Gakkai Zasshi* 2002;106(5):273-80.

98. Lesueur L, Arne JL, Chapotot E. Predictability of intraocular lens power calculation in the treatment of cataracts in children. *J Fr Ophtalmol* 1999; 22(2):209-12.

99. Tromans C, Haigh PM, Biswas S, Lloyd IC. Accuracy of intraocular lens power calculation in paediatric cataract surgery. *Br J Ophthalmol* 2001; 85(8):939-945.

Este libro ha sido editado con el patrocinio de la Fundación Sanitas en colaboración con Sanitas S. A. y Plataforma Editorial como parte del Premio Sanitas M.I.R 2008 al Residente con mejor currículum de la promoción 2004-2008 otorgado por el Presidente del Consejo Nacional de Especialidades en Ciencias de la Salud, D. Alfonso Moreno González y por el Subdirector General de Ordenación Profesional del Ministerio de Sanidad y Consumo, D. Miguel Javier Rodríguez Gómez a D. Juan Carlos Mesa Gutiérrez el 27 de Noviembre de 2008.

Este libro ha sido impreso en papel **Supersnowbright**
Suministrado por Hellefoss AS, de Noruega